剪

剪辑+调色+字幕+配音+特效

从新手到高手

王凤英　杜利明　巴图蒙赫 ◎ 著

映

天津出版传媒集团

天津科学技术出版社

图书在版编目（CIP）数据

剪映：剪辑 + 调色 + 字幕 + 配音 + 特效从新手
到高手 / 王凤英，杜利明，巴图蒙赫著．-- 天津：天
津科学技术出版社，2024.5

ISBN 978-7-5742-2075-1

Ⅰ．①剪… Ⅱ．①王… ②杜… ③巴… Ⅲ．①视频制
作 Ⅳ．① TN948.4

中国国家版本馆 CIP 数据核字（2024）第 087446 号

剪映：剪辑 + 调色 + 字幕 + 配音 + 特效从新手到高手

JIANYING：JIANJI+TIAOSE+ZIMU+PEIYIN + TEXIAO CONG XINSHOU DAO GAOSHOU

责任编辑：刘　颖

出　　版：	天津出版传媒集团
	天津科学技术出版社
地　　址：	天津市西康路 35 号
邮　　编：	300051
电　　话：	（022）23332695
发　　行：	新华书店经销
印　　刷：	天津禹阳世纪印务有限公司

开本 670×950　　1/16　　印张 12　　字数 150 000

2024 年 5 月第 1 版第 1 次印刷

定价：49.80 元

在当今数字化时代，短视频已经成为人们表达自己、分享生活的重要方式。社交需求、在线教育、商业宣传、个人创作……短视频正以其独特的魅力，全方位地迅速崛起，以生动、精练的形式传递着人们的喜怒哀乐、理想以及憧憬。一段出色的短视频离不开精妙的剪辑，就如同一部好电影离不开优秀的导演。剪辑方法决定了短视频故事的展现方式和观众的情感走向。

本书的内容由浅入深，无论您是初学者还是有一定经验的剪辑师，本书都将为您提供全面而实用的指导。我们将带您踏入短视频剪辑的世界，并引导您逐步掌握剪辑技巧，创作出令人惊叹的作品。

本书共分为三大篇，包含九章。第一篇为剪映移动版的使用方法教学，共包含四章。首先从认识剪映的界面开始，逐步讲解素材的导入、剪辑的基本操作、贴纸滤镜的使用方法、转场效果的添加等，并将讲解与示例相结合；

之后讲解剪辑的进阶操作，包括画面调色、画中画功能的使用等；最后详细呈现了几类短视频的剪辑流程实例，使您可以在最短时间内剪辑出几类短视频，体会短视频剪辑的乐趣。第二篇为剪映专业版的使用教学，也包含四章，既讲解基本剪辑方法，又针对素材管理进行详细说明，还对当下热门短视频类型进行全方位的分析，使您在掌握剪辑方法的同时，还可以深刻地理解短视频制作思路。第三篇为补充篇，专门介绍剪映的VIP功能，使您在使用剪映时更加方便快捷，做出更高品质的短视频作品。

希望本书能成为您学习短视频剪辑的指南和良师益友。无论您是想在社交网络上展示个人魅力，还是为品牌进行宣传，本书都将为您提供宝贵的剪辑知识和技巧。请您放心阅读，积极实践，本书会助力您在短视频创作的道路上不断前行。祝愿您在学习短视频剪辑的过程中享受乐趣，获得丰硕的成果，创作出令人瞩目的短视频作品！

目录

第一篇 剪映移动版

第三章　剪映移动版的进阶操作　　　　039

第二篇 剪映专业版

● REC

06:26:46　　　IOS 200

第七章   **剪映专业版的进阶操作**   123

第三篇　补充篇

第九章　剪映VIP功能解析　165

REC

变速　　音量　　混合模式　　动画　　剪辑　　音频　　文本　　贴纸　　画中画

第一篇

剪映移动版

第一章

剪映移动版的基本认识

1.1 认识首页界面

打开剪映移动版，进入图1-1所示首页界面。界面分为上、中、下三部分。

上方红色方框内为创作区，点击"开始创作"，可以进行常规的视频剪辑。点击右侧的"展开"选项，将会出现许多有助于剪辑的便捷功能，如提词器功能、智能抠图功能。

中间黄色方框内为素材管理区。点击"本地草稿"，可以查看最近保存过的剪辑项目、模板、图文、脚本，以及最近删除的项目等。点击"剪映云"，即进入素材云空间，只要登录抖音账号，在任何版本、任何载体的剪映软件中，都可以使用云空间中的素材。点击"管理"，可以对本地草稿进行批量上传或删除。

下方白色方框内为功能介绍及目前首页所处功能界面。比如，图1-1左下角白色"剪刀"

图1-1 剪映移动版首页界面

标识高亮，并且下方有一条红色横线，代表此时首页的界面为剪辑界面。

　　点击"剪同款"，则进入"剪同款"界面，如图1-2所示。点击任意模板可以对其效果进行预览。利用"剪同款"界面中的模板，可以使自己的短视频快速实现与模板相似的效果，适合没有剪辑经验的新手。我们还可以在界面上方的搜索栏中输入关键词，如美食、旅行、情侣、卡点等，精准查找对应每个主题的"剪同款"模板。但"剪同款"功能对于素材的数量、时长等要求较为严格，需要完全符合模板的要求才可以使用该功能。

图1-2　"剪同款"界面

点击"创作课堂"，进入"创作课堂"界面，如图1-3所示。在创作课堂中，我们既可以找到某一功能的使用教程，也可以找到系统、全面的剪辑教学课程。内容越详尽的课程价格往往越高，建议在熟练掌握剪映的基础操作后，再考虑通过创作课堂中的课程进行剪辑技术的提升。

图1-3 创作课堂界面

点击"消息"，进入"消息"界面，如图1-4所示。在消息界面中，可以查看来自剪映官方的消息、粉丝的私信，以及用户针对自己所发布作品的评论和点赞。

图1-4　消息界面

1.2　认识剪辑界面

　　点击首页界面的"开始创作"，选择相册中的任意视频或照片，点击右下角的"添加"，即进入剪辑界面，如图1-5所示。该界面可以分为上、中、下三部分：红色方框内为播放区，可以实时看到剪辑效果；黄色方框内为轨道区，可以查看剪辑时用到的视频、音频、特效等素材；白色方框内为功能区，剪辑时可以选择使用不同的功能。剪辑界面部分选项对应的功能如下（相应数字所对应的功能详见图1-5）。

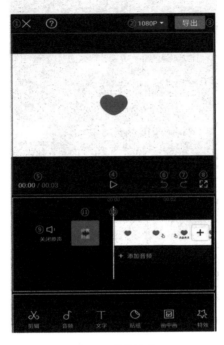

图1-5 剪辑界面

① 结束编辑：点击此处即退出剪辑界面，进入首页界面，同时会将刚刚剪辑的文件保存至本地草稿中，下次可以继续进行编辑。

② 导出时的参数设置：此处可以更改视频导出时的分辨率、帧率与码率。分辨率越高，画面越清晰；帧率越高，画面越流畅；码率越高，画面细节越丰富。

③ 导出视频：点击此处将开始导出剪辑完成的视频，导出的视频会自动保存在手机相册和本地草稿中。

④ 控制视频的播放与暂停。

⑤ 前面高亮显示的数字代表当前视频的时间点，后面的灰色数字代表视频总时长。

⑥ 回到上一步剪辑状态。

⑦ 进入下一步剪辑状态。

⑧ 使画面全屏播放。

⑨ 控制是否保留该视频片段的原声。

⑩ 时间轴：时间轴始终处于画面中心，当视频播放时，视频轨道将向左移动。时间轴上方数字表示当前视频画面的时间点。

⑪ 设置视频的封面，可以选择视频中的某一画面，也可以从相册中导入一张图片作为视频的封面。

第二章
剪映移动版的基本操作

2.1▶ 快速导入素材

点击主页界面的"开始创作"，进入素材选取界面，如图2-1所示。以导入视频素材为例，点击视频素材右上角的灰色圆圈，当圆圈变为红色且中间出现数字时，该视频素材选择完成。可以一次选择复数素材，如图2-2所示。视频素材右上角圆圈中的数字表示素材导入剪辑界面时的排列顺序。视频素材选取完毕后，首先点击界面右下角的"高清"，这样，视频素材在导入剪辑界面后仍可以保持较高的

图2-1　素材选取界面

清晰度，然后点击右下角的"添加"。当界面跳转至剪辑界面，且视频素材内容出现在轨道区时，如图2-3所示，则视频导入工作完成。如果想再次导入视频素材，点击图2-3轨道区右侧红色方框内的"＋"，即可重新进入素材选取界面，之后，重复上述操作即可。

图2-2　复数素材选取示例

图2-3　素材导入完成界面

2.2　视频的分享与发布

　　视频剪辑完毕后，点击剪辑界面右上角的"导出"，等待视频导出。导出完毕后进入图2-4所示界面，此时剪辑完毕的视频已经保存在了系统相册和本地草稿中，如不想发布作品，点击下方的"完成"即可。如果点击图中的"抖音"或"西瓜视频"，则将会自动跳转至相应平台的作品发布界面。以上传至"抖音"平台为例，点击"抖音"，则跳转至抖音剪辑界面，如图2-5所示。

在此界面可以对作品进行一些简单的编辑，例如添加文本、贴纸、特效等，之后点击右下角的"下一步"，进入抖音作品发布界面，如图2-6所示。在此界面中可以编辑对作品的描述，写下对于作品的感悟等，也可以给作品添加合适的标签，增加曝光度。一切设置完毕后，点击右下角的"发布"，即可将作品发布至抖音平台。

图2-4 导出完毕后的界面

图2-5 抖音剪辑界面

图2-6 抖音发布界面

视频的基本剪辑方法

2.3.1　素材的分割

首先导入一段视频素材，轨道区如图2-7所示。将双指放在轨道区滑动，可以更改时间轴的最小时间刻度，更改完成后如图2-8所示。这是一个十分重要的操作，此操作可以快速定位精确的时间点，在使用多素材时快速找到需要的素材片段。点击视频素材，当其被白色边框包围时，该素材已经被选中。按住并左右拖动该素材，将时间轴落在素材的某一位置，如图2-9所示。点击功能区左下角的"分割"，此时视频素材将沿时间轴被分割为左右两个部分，如图2-10所示。每一个部分都可以进行独立的编辑，至此，视频素材分割完毕。

图2-7　轨道区界面

图2-8　更改时间轴最小刻度

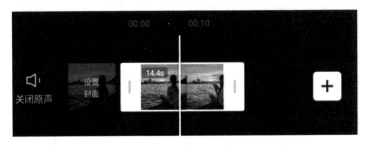

图2-9　更改时间轴位置

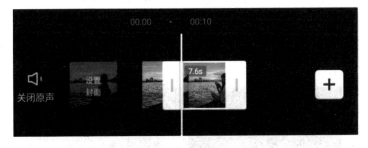

图2-10　分割视频素材

2.3.2 视频变速操作

变速功能可以改变视频的播放速度，使其快速播放或慢速播放。快速播放（也称为时间缩短或快进）可以在短时间内展示长时间的内容，而慢速播放（也称为慢动作）可以使观众更清楚地看到细节或增强某些动作的视觉效果。

首先导入一段视频素材，选中该素材，点击功能区下方的"变速"，进入变速类型选择界面。选择"常规变速"，进入如图2-11所示界面。红色圆环下的数字代表当前播放倍速，如"2×"代表二倍速播放，"0.1×"代表放慢十倍播放，左右拖动红色圆环即可更改播放倍速。点击播放区的"播放"按键，可以在播放区预览变速效果。

界面上方有"智能补帧"与"声音变调"两个选项。点击"声音变调"，可以使视频播放速度改变的同时，保持视频中声音的音调不变。而"智能补帧"只有在播放倍速小于"1"时才能点选，点击后将开启智能补帧，可在一定程度上降低慢速播放造成的画面卡顿。播放倍速调整完毕后，点击右下角"√"符号完成变速在视频片段上的应用。

图2-11　常规变速界面

在变速类型选择界面，选择"曲线变速"选项，进入图2-12所示界面。该界面展示了一些系统预设的视频变速类型，并且都浅显易懂地说明了使用场景。选中任意变速类型后，点击右下角的"√"，即可实现该变速类型在视频片段中的应用。

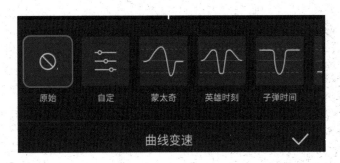

图2-12　曲线变速界面

2.3.3　视频倒放操作

视频倒放就是将视频进行倒序播放，使得视频从结尾处开始播放，直到开始处结束。这种技巧可以营造出一种独特的视觉效果，或者用于表现一种特殊意义。例如，可以用来表示时间倒流或者表现戏剧性的反转效果。

首先导入一段视频素材，选中该素材，手指按住功能区并向左滑动，找到"倒放"选项，如图2-13所示。点击"倒放"后，等待系统处理完毕，即可完成视频倒放操作。

图2-13　"倒放"选项

2.3.4　视频音量调节

受制于拍摄设备、拍摄环境等因素，不同视频素材的音量不尽相同。为了使不同的视频素材在同一作品中的音量和谐、统一，对视频的音量进行调节是必不可少的操作。

首先导入一段视频素材，选中该素材后，手指按住功能区并向左滑动，找到"音量"选项，如图2-14所示。点击"音量"后，出现音量条，如图2-15所示。手指左右移动图中白色圆环即可调整该段视频音量的大小。调整完毕后点击右下角的"√"，完成对视频音量调节的操作。

图2-14　"音量"选项

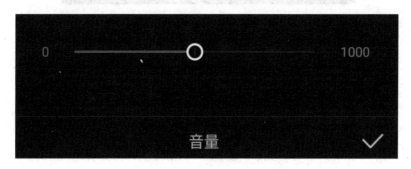

图2-15　音量条

2.3.5　画面旋转、镜像和裁剪操作

剪辑视频时可能会遇到这样的情况：视频拍摄角度错误，导致画面混乱；前置摄像头拍摄视频，导致视频中的文本难以阅读；不小心将不相干的事物拍摄进了视频画面。通过画面旋转、镜像和裁剪操作即可完美解决上述问题。

首先导入一段视频素材，视频画面如图2-16所示。可以看到该画面角度错误、文本反转、画面杂乱。

图2-16　视频画面

选中该素材，按住功能区并向左滑动，找到"编辑"选项，如图2-17所示。点击"编辑"后，下方会出现"旋转""镜像"和"裁剪"三个选项。点击"旋转"，每点击一次，视频画面将顺时针旋转90°。点击三次"旋转"后，视频画面角度正确，如图2-18所示。

图2-17　"编辑"选项

图2-18　三次旋转后的视频画面

接下来点击"镜像"，点击之后画面完成镜像反转，如图2-19所示。

图2-19　镜像反转后的视频画面

最后点击"裁剪"，进入裁剪界面，如图2-20所示。可以拖动播放区内白色九宫格的四角来裁剪画面，也可以点击下方设置好的长宽比来快速裁剪画面。调整完毕后点击右下角的"√"，完成对画面的裁剪。裁剪后的画面如图2-21所示。至此，画面旋转、镜像和裁剪操作完成。

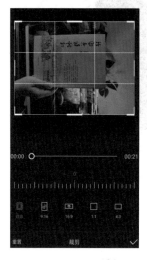

图2-20　裁剪界面　　　　　　　　　图2-21　裁剪后视频画面

2.4 ▸ 为视频添加贴纸

给视频添加合适的贴纸，可以使视频画面更加生动。首先导入一段视频素材，在功能区找到"贴纸"选项，如图2-22所示。

图2-22　"贴纸"选项

　　点击后进入贴纸选择界面，如图2-23所示。可以在此界面上方的搜索栏中输入关键字，定向查找贴纸。此外，点击默认的分类，如"表情""热门""互动"等，可以方便快捷地查找自己需要的贴纸。

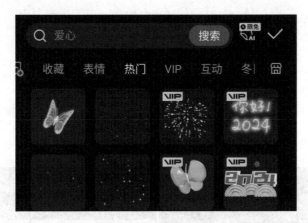

图2-23　贴纸选择界面

　　点击选择好的贴纸，该贴纸就会出现在播放区的画面上，如图2-24所示。

图2-24　贴纸效果界面

可以看到，贴纸被白色方框包围，且每个角都有一个不同的符号。点击左上角的符号，可以删除当前贴纸；点击右上角的符号，可以给贴纸添加动画效果；点击左下角的符号，可对当前贴纸进行复制粘贴；点击并拖动右下角的符号，可以更改贴纸的大小和角度。此外，按住贴纸中间的位置，可以将其拖动至画面的任意位置。贴纸设置完毕后回到剪辑界面，可以发现在视频轨道下方新增了一条橙色贴纸轨道，如图2-25所示。贴纸的存在时间默认为3秒，按住并向右拖拽贴纸轨道右侧的白色边框，可以延长贴纸存在的时间。

图2-25　橙色贴纸轨道

2.5 ▶ 初识文字功能

2.5.1 给视频添加文字

首先导入一段视频素材，在功能区找到"文字"选项，如图2-26所示。点击"文字"，之后点击"新建文本"，进入文本编辑界面，如图2-27所示。在界面中间的光标处输入文字，文字会同步出现在播放区画面上。播放区中的文字被白色边框所包围，点击左上角的符号，该段文字则被删除；点击并拖拽右下角的符号，则可以调整文字的大小和角度。按住文字的白色边框的中心位置并拖动，可以将文字放置于播放区画面的任何位置。设置完毕后点击界面中的"√"，完成视频文字的添加。

图2-26　"文字"选项

图2-27　文本编辑界面

2.5.2 自动生成字幕

字幕不仅可以减小观看者观看视频时的压力，还可以作为一种补充画面信息的手段。如果视频较长，按照传统的方式逐字逐句地添加字幕，无疑工作量是巨大的。这时，可以用软件对视频中的语言进行识别，并由此自动生成字幕。

首先导入一段含有人声的视频素材，在功能区找到"文字"选项并点击，然后出现图2-28所示界面。点击图中红色方框中的"识别字幕"，进入图2-29所示界面。点击"开始匹配"，等待片刻后将自动跳转至剪辑界面。此时，系统已经根据视频中的人声，生成了相应的字幕，如图2-30所示。此时应检查系统识别的字幕是否存在错误，检查完毕后自动生成字幕的工作即完成。

图2-28 "识别字幕"选项

图2-29 识别字幕设置界面

图2-30 生成字幕

2.5.3 制作吸睛标题

标题作为视频内容的高度提炼，可以第一时间吸引观看者的视线，提高观看者观看视频的意愿。接下来将介绍如何制作一个吸睛的视频标题。

首先导入一段视频素材，在功能区找到并点击"文字"，之后点击"新建文本"，进入文本编辑界面。在界面中间的光标处输入标题文字"开关是灯的日出日落，日出日落是灯的开关"。调整文字大小并将文字放置在画面中合适的位置，如图2-31所示。

图2-31 调整文字大小与位置

点击文本编辑界面中的"字体"，选择"新青年体"，点击文本编辑界面中的"样式"，依次选择其中的"发光""Aa"，最后在下方将强度调整至30，设置完毕后如图2-32所示。点击"发光"选项同排右侧的"排列"，将字间距调整为10。

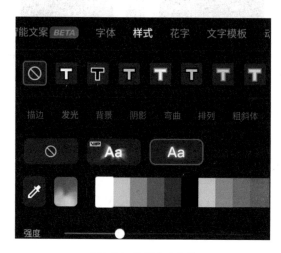

图2-32　设置文字参数

点击文本编辑界面中的"花字"，点击其下方的"彩色渐变"，选择图2-33中所示"花字"。

图2-33　设置花字

设置完毕后，起到吸睛效果的标题制作完成，效果如图2-34所示。

图2-34　起到吸睛效果的标题示例

2.6 ▶ 为视频添加滤镜 ▼

　　滤镜是编辑视频时经常用到的重要工具，可以帮助我们快速地改变视频的视觉风格，为作品营造独特的氛围和感觉。滤镜可以模拟各种摄影效果，例如黑白、色彩饱和、复古、高对比等。也可以为视频添加特殊效果，如模糊、锐化、噪点、光晕等。此外，还有一些可以模拟电影风格的滤镜，如电影颗粒、电影调色等。接下来将介绍如何为视频添加滤镜。

　　首先导入一段视频素材，选中该素材，按住功能区并向左滑动，找到"滤镜"选项，如图2-35所示。点击后进入滤镜选择界面，如图2-36所示。点击想要添加的滤镜，长按播放区画面可以看到原始的影像画面，松开后显示的是添加了滤镜后的画面。选择好滤镜后，点击左下角的"全局应用"，可以将该滤镜效果应用于本次剪辑用到的所有视频素材。若点击右下角的"√"，则代表该滤镜效果仅应用于本视频片段。

图2-35　"滤镜"选项

图2-36　滤镜选择界面

2.7 为视频添加转场效果

　　转场效果用于两个视频的连接处，可以消解因视频画面突然改变而产生的割裂感，使画面过渡自然。

　　首先导入两段视频素材，点击两个视频片段首尾相连处的"丨"，轨道区如图2-37所示。进入转场选择界面，在该界面可看到不同的转场动态效果。点击自己想要的转场效果，进入转场参数设置界面，如图2-38所示。左右拖动界面下方的白色圆形图标，可以调整转场效果的持续时间。选择好转场效果后，点击左

下角的"全局应用"，可以将该转场效果应用于本次剪辑用到的
所有视频转场。若点击右下角的"√"，则代表该转场效果仅设
置为这两个视频之间的转场效果。

图2-37　导入两段视频素材

图2-38　转场参数设置界面

2.8 ▶ 给视频添加背景音乐

　　背景音乐是一个完整的视频作品的重要组成部分，适当的背景
音乐能使视频更具吸引力和感染力。

首先导入一段视频素材，点击功能区中的"音乐"，进入音频选择界面，如图2-39所示。点击下方的音乐名称，可以试听该音乐。点击音频后面的"☆"，可以将该音频加入收藏，方便下次查找。第一次使用某音乐时，先点击"☆"后面的下载符号，下载完毕后该符号变为红色"使用"字样，点击"使用"，即可将该音乐添加至音频轨道区中。音频轨道在视频轨道下方，表现为蓝色波形，如图2-40所示。

图2-39　音频选择界面

图2-40　蓝色波形音频轨道

2.9 ▶ 设置音乐的音量并为音乐添加淡入淡出效果 ▽

淡入淡出效果可以降低音乐起始与结束时产生的突兀感。选中导入完成的音乐素材，点击功能区中的"音量"，进入图2-41所示界面，左右拖动白色圆形图标即可更改音乐的音量大小。更改完毕后点击右下角的"√"即完成音量设置。

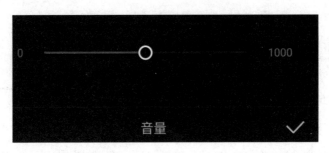

图2-41　音量设置界面

点击功能区中的"淡化"，进入图2-42所示界面，分别向右拖动上下两个白色圆形图标，增加音频淡入、淡出的时长。更改完毕后点击右下角的"√"，即完成音频的淡入、淡出设置。

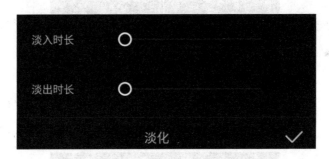

图2-42　淡化参数设置界面

2.10　为视频添加智能配音

配音在视频中有许多重要的作用，例如：对视频中发生的事件进行描述和解说，帮助观看者更好地理解视频的内容；增强视频的情感传达；塑造和深化视频中角色的性格；进行故事的叙述，推动故事情节的发展；提供无障碍观看体验；等等。因此，配音在视频中至关重要，是视频内容呈现的重要组成部分之一。由于视频创作者并非都具有专业的语音播报能力，因此可以使用智能配音，以保证配音质量。

要想使用智能配音，首先要有完整的字幕。导入一段视频素材并添加字幕，完成后轨道区如图2-43所示。选中任意一段字幕，点击功能区中的"文本朗读"，进入音色选择界面，如图2-44所示。点击不同的声音类型可以预听声音效果，选择完毕后点击左上角的"应用到全部字幕"，之后点击右上角的"√"，完成智能配音。

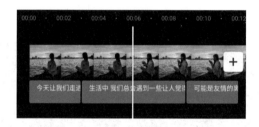

图2-43　添加字幕

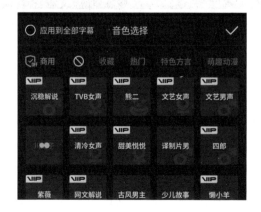

图2-44　音色选择界面

2.11 ▶ 视频防抖操作

视频防抖功能用于消除因手抖、行走、跑步等情况下拍摄视频时产生的画面抖动。视频防抖可以使视频画面更稳定、更具观赏性，是优化视频质量的重要手段。

首先导入一段视频素材，选中该素材，之后向左拖动功能区，找到图2-45中红色方框所示"防抖"选项并点击，进入图2-46所示防抖类型设置界面。在该界面共有三种防抖类型可以选择：选择"裁切最少"选项，虽然防抖效果较弱，但画面不会有太大变化；选择"最稳定"选项，虽然防抖效果最好，但画面裁剪相对较多；选择"推荐"选项，防抖效果和画面裁剪程度都较为适中。防抖的具体效果与视频本身的抖动程度有着巨大关联，建议根据自己视频的情况，每一种类型都尝试一下，选择综合表现最好的防抖类型。

图2-45 "防抖"选项　　　　　　图2-46 防抖类型设置界面

2.12 ▶ 给人物添加美颜

美颜可以改善人物的外观，让人物看起来更美，比如，对人物面部肌肤进行磨皮、去痘、美白、提亮等处理，使肌肤看起来更加光滑、通透。此外还包括对眼睛、鼻子、嘴唇等部位的修饰，使人物看起来更符合现代社会审美。

　　导入一段人像视频素材，选中该素材，之后，向左拖动功能区，找到图2-47中所示"美颜美体"选项并点击，之后点击"美颜"选项进入图2-48所示美颜参数设置界面。界面上方有四大美颜类型："美颜"用于调整人物的肌肤，包括磨皮、美白、调整肤色、去除法令纹等；"美型"用于调整人物的五官位置、大小，以及面部结构；"美妆"用于调整人物的妆容，如增加口红、眼影、腮红等；"手动精修"用于手动调整人物的脸型，使用方法是直接在播放区的画面上，沿某一方向推动画面，被推动的画面在一定范围内会向推动方向移动，从而达到调整脸型的目的。虽然美颜能够增强人物的美感，但过度使用也可能造成对现实审美的扭曲，因此要适度使用。

图2-47　"美颜美体"选项

图2-48　美颜参数设置界面

2.13 ▶ 快速更改视频素材播放顺序　⊙

　　在剪辑视频时，通常会用到多段视频素材，这些视频素材的播放顺序为导入时的排序。接下来将介绍如何快速更改视频素材的播放顺序。

　　以三段视频素材为例。首先导入三段视频素材，排列顺序从左到右依次是白色视频素材、红色视频素材、黄色视频素材，如图2-49所示。长按任意视频素材，当素材之间的白色方块标识消失后，如图2-50所示，左右拖动选中的视频素材，即可更改视频素材的播放顺序。

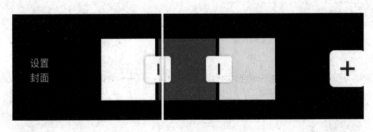

图2-49　导入三段视频素材

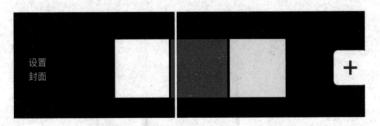

图2-50　长按视频素材后，白色方块标识消失

第三章
剪映移动版的进阶操作

3.1.1 认识调节界面与调节参数

导入一段视频素材，选中该素材，然后向左拖动功能区，找到如图3-1中所示"调节"选项，点击后进入调节界面。调节界面共有14个可调节参数，下面将介绍部分参数对画面的影响。

图3-1 "调节"选项

亮度影响画面整体的明亮程度。调高亮度前后，画面对比如图3-2所示。

图3-2 不同亮度效果对比图

对比度影响画面色彩的层次感和丰富程度。调高对比度前后，画面对比如图3-3所示。

图3-3　不同对比度效果对比图

饱和度影响画面的艳丽程度：饱和度越高，画面越鲜艳、明亮；饱和度越低，画面越暗淡、柔和。调高饱和度前后，画面对比如图3-4所示。

图3-4　不同饱和度效果对比图

光感主要影响画面中环境光的亮度。调高光感参数前后，画面对比如图3-5所示。

图3-5　不同光感效果对比图

高光主要影响画面中明亮的区域。调高高光参数后，明亮的区域会变得更加明亮，阴暗之处则变化不大。调高高光参数前后，画面对比如图3-6所示。

图3-6　不同高光效果对比图

阴影主要影响画面中阴暗的区域。调高阴影参数后，阴暗的区域会变得更加阴暗，明亮之处则变化不大。调高阴影参数前后，画面对比如图3-7所示。

图3-7　不同阴影效果对比图

色温影响画面的冷暖：色温参数越小，画面颜色越冷；色温参数越大，画面颜色越暖。调高色温参数前后，画面对比如图3-8所示。

图3-8　不同色温效果对比图

色调影响画面的整体颜色氛围：色调参数越小，画面颜色越偏向绿色；色调参数越大，画面颜色越偏向紫色。调高色调参数前后，画面对比如图3-9所示。

图3-9　不同色调效果对比图

褪色常用于画面做旧，目的是展现复古的效果。调高褪色参数前后，画面对比如图3-10所示。

图3-10　不同褪色效果对比图

暗角的主要作用在于调节画面四个角落的亮度。调高暗角的参数，能够减少画面的四个角落的亮度，让画面的主体更加突出。调高暗角参数前后，画面对比如图3-11所示。

图3-11　不同暗角效果对比图

HSL是色相、饱和度和亮度的英文首字母，调节界面如图3-12所示。在此界面中，有红、橙、黄、绿、青、蓝、紫、洋红八种颜色显示，点击任意颜色，可以单独对画面中呈现的该颜色进行调节。

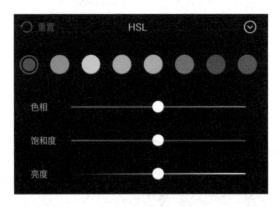

图3-12　HSL调节界面

3.1.2　莫兰迪风格画面调色

莫兰迪风格源自20世纪意大利画家乔治·莫兰迪的创作特色。莫兰迪的画作以其独特的色调闻名，恬静而内敛，给人一种平和、宁静的感觉。莫兰迪风格画面主要有以下特点。

低纯度：莫兰迪风格通常都是通过在原色中加入一些灰色来降低色彩的纯度或饱和度，使颜色看起来更加柔和、舒适。

色调柔和：莫兰迪风格通常给人一种平静、舒适的感觉，这是因为其色调比较柔和，没有过于鲜艳的颜色。

颜色间的和谐：莫兰迪风格通常使用相近或相衬的颜色，这样可以保持画面和谐，避免色彩冲突。

低对比度：莫兰迪风格并不是通过强烈的色彩对比或明暗对比来吸引观众的注意力，而是通过色彩的微妙变化来营造一种宁静、舒适的氛围。

基于以上特点，对相关参数（亮度5；对比度-8；高光-14；阴影12；白色-6；光感6；褪色20）进行画面调节。调节后的画面如图3-13所示。

图3-13　莫兰迪风格画面调色示例

3.1.3 复古感画面调色

复古感画面调色的特点在于通过色彩的调节，让画面呈现出一种历史的、旧的、过去的感觉。复古感画面主要有以下特点。

低饱和度：复古感画面具有一种沉稳、淡化的视觉效果。这种颜色饱和度的降低也模仿了旧照片颜色褪色这一特点。

暖色调为主：复古感画面以棕色、橙色、黄色等颜色为主，这些颜色令画面产生一种温暖、怀旧的气氛。

高对比度：高对比（特别是明暗对比）度使画面看起来更具有立体感和历史感。

色彩偏暗：这是因为旧照片或老电影，受当时的技术限制，画面往往比较暗淡。

老化感：复古感画面有老化感，因此，我们可以对视频画面进行老化处理，例如添加噪点、斑点、划痕等效果，模仿物理媒介随时间推移产生的自然磨损。

基于以上特点，对参数（对比度8；饱和度-11；光感-21；阴影-9；色温-9；色调11；颗粒30；褪色7。HSL调节：黄色，色相-45；青色，饱和度-45；蓝色，饱和度-40）进行调节。调节后的画面如图3-14所示。

图3-14　复古感画面调色示例

3.1.4 奶油感画面调色

奶油感画面，又称为"奶茶色调"画面，是一种流行的影像、设计色彩风格。奶油感画面主要有以下特点。

温暖的色调：奶油感画面通常具有温暖的色调，以淡黄、米色、浅棕色等奶油色为主，营造出宁静、舒适的氛围。

低饱和度：奶油感画面通常会降低颜色的饱和度，使颜色显得柔和、不刺眼。

低对比度：色彩通常非常和谐，没有强烈的对比，让画面看起来更加平衡、舒适。

提亮暗部：奶油感画面通常会提亮暗部，使画面看起来更加明亮、清新。

画面清晰：奶油感画面通常没有复杂的纹理和噪点，给人一种简洁、明快的感觉。

基于以上特点，对相关参数（对比度-16；饱和度-5；高光-40；阴影40；色温-10；色调10；锐化50；清晰10。HSL调节：蓝色，饱和度50；红色，饱和度50）进行调节。调节后的画面如图3-15所示。

图3-15　奶油感画面调色示例

3.1.5　赛博朋克风格画面调色

赛博朋克风格画面调色是源自科幻文化的色彩调整方法，使画面既有未来感科技感，又略带颓废感。赛博朋克风格画面主要有以下特点。

强烈的冷暖对比：赛博朋克风格画面常使用鲜艳的蓝色和红色（或洋红），形成强烈的冷暖对比。

高饱和度和高对比度：可以使画面产生强烈的视觉冲击效果。

黑暗的背景：赛博朋克风格画面常以黑暗或深色调为背景，并通过鲜艳的色彩来突出主体和增强氛围。

霓虹灯效果：这是赛博朋克风格最为重要的特点，体现夜晚城市的光污染，表现科技的冷漠感。

基于以上特点，对相关参数（对比度20；饱和度20；色温-50；色调50；光感20；锐化50；清晰50。HSL调节：红色，色相-50；橙色，色相-50；蓝色，亮度100）进行调节。调节后的画面如图3-16所示。

图3-16　赛博朋克风格画面调色示例

3.1.6　新海诚风格画面调色

新海诚是日本著名的动画电影导演，其作品有独特的色彩，画面富有诗意和画意，充满浓厚的艺术感。新海诚风格画面主要有以下特点。

精细的光影：新海诚风格画面既能呈现出阳光照射下的明亮色彩，也能处理好阴影，营造出深邃的视觉效果。

高饱和度：明亮、鲜艳的色彩使画面色彩丰富，给人带来强烈的视觉冲击。

高对比度：色彩对比鲜明，冷暖色彩、明暗对比被巧妙地应用，使画面更具动态感和立体感。

高还原度：新海诚风格画面非常注重真实感，力求展现真实的自然元素，如雨水、云彩、阳光等。

基于以上特点，对相关参数（对比度7；饱和度12；亮度5；阴影17；光感5；白色5；锐化10；清晰30）进行调节。调节后的画面如图3-17所示。

图3-17　新海诚风格画面调色示例

3.2 ▶ 给视频添加画中画 ⊙

"画中画"是一种视频内容的呈现方式，是指在视频的主画面中再放入一个或多个小面积的视频画面或静态图片，可以移动和调整大小。例如，在体育赛事直播时，主画面通常展示的是比赛的全局，而画中画则用来展示重要球员的特写或者重播精彩镜头。

　　当轨道区只有一段视频素材时，要想给该视频素材添加画中画，需要在不选定该视频的情况下，点击功能区中的"画中画"，如图3-18所示。在弹出的界面中点击"新增画中画"，此时会跳转至素材导入界面，在这种情况下导入的素材将以画中画的形式添加进轨道区。

图3-18　"画中画"选项

　　画中画素材在轨道区中表现为预览图加一条红色折线，如图3-19所示。主视频上方的水滴形符号内部为画中画素材的预览图，红色折线的横向长度表示画中画素材的时长。

图3-19　轨道区中的画中画素材

点击预览图，将画中画素材在轨道区展开，如图3-20所示，之后便可以对画中画素材进行编辑。

图3-20　展开画中画素材

选中画中画素材，向左拖动功能区，找到"切主轨"选项，如图3-21所示。点击后，画中画素材将进入主轨道，并失去画中画相关属性，如图3-22所示。同理，选中主轨道中的素材，功能区"切主轨"选项将变为"切画中画"选项，点击后可以将主轨中的素材切换为"画中画"模式。

图3-21　"切主轨"选项

图3-22　画中画素材切主轨

3.3 ▶ 制作局部高亮卡点效果 ▼

　　首先导入一段视频素材，点击轨道前的"关闭原声"。选中该素材，点击下方功能区中的"滤镜"，在搜索栏中输入"黑白"，找到并添加一个黑白滤镜。回到功能区初始界面，点击"音频"，点击"音乐"，添加一个卡点音乐素材。选中音乐素材，点击功能区中的"节拍"选项，点击"自动踩点"。调整快慢参数，使黄色节拍点数量适中，如图3-23所示。

图3-23　自动踩点

　　回到轨道区，复制上述视频素材。选中复制的视频素材，点击"切画中画"，将画中画轨道与主视频轨道对齐。选中画中画轨道，将时间轴依次移动至每个黄色节拍点处，点击"分割"选项，将画中画视频分割为多个视频片段，如图3-24所示。

图3-24　分割视频片段

选中第一个画中画片段，点击功能区中的"蒙版"，选择"矩形蒙版"，调整蒙版大小与位置，如图3-25所示。按照同样的方法给剩余画中画片段添加矩形蒙版，要保证每个蒙版的大小和位置都不相同。至此，局部高亮卡点效果制作完成。

图3-25　调整矩形蒙版

制作镜头顺滑开场效果

　　在素材导入界面点击"素材库"，在搜索栏中输入"镜头"二字，将一段镜头素材添加至轨道区。导入一段视频素材，点击轨道前的"关闭原声"。选中该素材，点击下方功能区中的"切画中画"，并将画中画视频与主视频头部对齐，如图3-26所示。

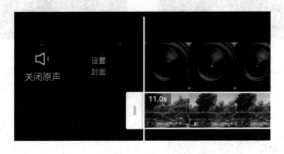

图3-26　对齐画中画与主视频

　　选中画中画视频素材，点击功能区中的"蒙版"选项，选择"圆形蒙版"，并将蒙版大小调整为最小，如图3-27所示。点击播放键右侧的菱形图标，给画中画视频的开头处添加一个关键帧。将时间轴移动至3秒处，点击"蒙版"，放大蒙版，直至整个画中画视频素材全部展现出来，如图3-28所示。选中镜头视频素材，将时间轴移动至0秒处，点击播放键右侧的菱形图标，给镜头视频素材添加一个关键帧。将时间轴移动至3秒处，适当放大画面中的镜头素材。至此，镜头顺滑开场效果制作完毕。

图3-27 缩小圆形蒙版　　　　　　3-28　放大圆形蒙版

3.5 ▶ 制作动感运镜效果

　　首先导入一段视频素材，点击轨道前的"关闭原声"选项。回到功能区初始界面，点击"音频"，再点击"音乐"，添加一个卡点音乐素材。选中音乐素材，点击功能区中的"节拍"，点击"自动踩点"。调整快慢参数，使黄色节拍点数量适中。双指放大轨道区，使显示的最小时间间隔变为2f，如图3-29所示。

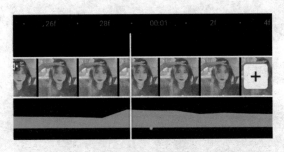

图3-29　放大轨道区

　　先将时间轴与音乐轨道中的第一个黄色节拍点对齐，之后向左移动时间轴，移动距离为2f。选中视频轨道，点击播放键右侧的菱形图标，给当前时间的视频素材打上一个关键帧。再次将时间轴与音乐轨道中的第一个黄色节拍点对齐，双指放大播放区中视频素材的画面至适当大小。向右移动时间轴，移动距离为2f，完成后如图3-30所示。双指缩小播放区中视频素材的画面至正常大小，之后对每一个黄色节拍点附近进行相同操作。至此，动感运镜效果制作完成。

图3-30　移动时间轴

第四章
案例实操与讲解

4.1 ▶ 制作音乐相册 ▼

　　导入一张图片，将其持续时间设置为4秒，如图4-1所示。选中该视频，点击播放键右侧的关键帧图标，给视频开始处添加一个关键帧，双指缩小图片，如图4-2所示。

图4-1　导入图片并设置时长　　　　　　图4-2　添加关键帧并缩小图片

　　按住画面中的图片，将其移动至左侧屏幕之外。将时间轴拖动4秒处，将图片从左侧屏幕之外横向移动至右侧屏幕外。完成后4秒处将自动生成一个关键帧。将时间轴拖动至2秒处，双指放大图片至合适大小，如图4-3所示。复制该视频，选中前面的视频，点击下方功能区的"切画中画"。将画中画视频的开头与主视频中间位置对齐。选中画中画视频，点击功能区中的"替换"选项，替换一张新的图片，替换完成后如图4-4所示。

图4-3　放大图片

图4-4　替换图片

　　复制画中画视频，按照相同操作将第二段画中画视频的开头与第一段画中画视频的中间对齐，并将第二段画中画的图片进行替换，替换完毕后如图4-5所示。选中主视频，将其时长拉长至8秒。点击轨道区空白处，点击功能区中的"背景"，之后点击"画布样式"，选择一个画布之后，点击"全局应用"。点击功能区的"音频"，之后点击"音乐"，给视频添加一个合适的背景音乐。添加完毕后，选中音频轨道，将时间轴拖动至8秒处，点击功能区中的"分割"，选中后半段音频，点击功能区中的"删除"，将音频时长裁剪至8秒，如图4-6所示。至此，音乐相册制作完毕。

图4-5　替换画中画图片

图4-6　裁剪音频

4.2　制作分屏卡点变装视频

　　首先拍摄一段变装前的视频。视频的前半段可以自由发挥。视频的后半段要快速摆出一个动作，在动作结束后保持几秒内不动，方便后续剪辑。之后，拍摄一段变装后的视频，重复变装前视频末尾的动作。

　　将拍摄好的变装前的视频导入轨道区并选中，点击功能区中的"编辑"，然后点击"裁剪"，将画面裁剪至播放界面的三分之一大小，如图4-7所示。点击功能区的"复制"，将裁剪好的视频复制两份，并分别为复制的视频添加"画中画"。添加完成后将其轨道与主视频轨道对齐，选中主视频，将其画面移动至播放区上方黑色背景处，选中第一个画中画视频，将其画面移动至播放区下方黑色背景处，完成后如图4-8所示，三分屏视频制作完成，点击右上角"导出"，此视频备用。

图4-7 裁剪画面

图4-8 移动画中画画面

按照相同的方式将变装后的视频也制作为三分屏视频。然后将两段制作好的三分屏视频导入轨道区，并点击轨道前的"关闭原声"。

点击功能区中的"音频"，之后点击"音乐"，选择"卡点"类别，下载并使用任意卡点音乐。回到轨道区，选中刚刚添加的卡点音乐，点击功能区中的"节拍"，然后点击左下角的"自动踩点"，完成后，音频下方会出现黄点标志。调整音频，使其中某一黄点标志位于两段视频首尾相连之处，之后将多余音频删除，如图4-9所示。

点击功能区中的"特效"，之后点击"画面特效"，选择"闪黑"，将速度参数调整为40。将"闪黑"特效的时长缩短为1秒，并将其末尾与第一段视频的末尾对齐，如图4-10所示。再次点击"画面特效"，选择"心跳"，将速度参数调整为70，将其首尾与第二段视频的首尾对齐，如图4-11所示。至此，分屏卡点变装视频制作完毕。

图4-10 设置"闪黑"特效

图4-9 删除多余音频

图4-11 设置"心跳"特效

4.3 ▶ 制作AI数字人新闻播报　　　　　　　⬇

以制作一则餐饮新闻播报为例。

首先在素材导入界面点击"素材库"，在搜索栏中输入"新闻绿幕素材"，添加一绿幕素材至轨道区。再添加一段事先已拍摄好的食物视频素材至轨道区，并点击轨道前的"关闭原声"。

选中新闻绿幕素材，点击下方功能区的"切画中画"，将该素材切至画中画。点击功能区中的"抠像"，选择"色度抠图"，将取色器图标移动至绿幕处，并将强度设置为50，如图4-12所示。

选中食物视频素材，在播放区拖动画面至合适的位置，如图4-13所示。

　图4-12　设置"色度抠图"参数　　图4-13　拖动视频素材

　　点击轨道区的空白区域，点击功能区中的"文字"，之后点击"新建文本"，将准备好的文案内容输入进去，输入完毕后返回。点击"数字人"，选择"婉婉-青春"。如果是第一次使用数字人，需要先同意相关条款，再等待音频下载，下载完毕后点击"应用"，将数字人移至屏幕左侧，效果如图4-14所示。

　　删除文字轨道，点击功能区的"贴纸"，搜索"新闻贴纸"，为画面添加一个贴纸，并调整其大小和位置，使其位丁画面下方。

　　点击"文字"，选择"识别字幕"，待识别完成后，将字幕移动至贴纸处，将所有轨道的长度都调整至与数字人的轨道长度相同。至此，AI数字人新闻播报制作完成。

图4-14　移动数字人

4.4　制作文字情感类视频 ▼

　　首先导入一张图片素材。点击下方功能区中的"音频"，之后点击"音乐"，添加一个舒缓的纯音乐素材。选中音乐素材，点击功能区中的"节拍"，之后点击"自动踩点"。调整快慢参数，使黄色节拍点数量适中。每一个黄色节拍点代表一句话，想要呈现多少句话，就保留多少个黄色节拍点。将多余的音频素材删除，并将图片素材结尾与音频素材结尾对齐，如图4-15所示。

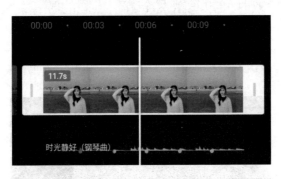

图4-15　调整素材与音频

　　将时间轴移动至最后一个节拍点的位置，选中图片素材，点击"分割"。选中分割后的后半段素材，点击"动画"，选择入场动画中的"动感放大"，将动画时长延长至1秒。

　　回到功能区初始界面，将时间轴拖动至0秒处，点击"特效"，选择"画面特效"，添加"波纹色差""暗角"和"荧幕噪点"。"波纹色差"的特效作用于全部素材，"暗角"和"荧幕噪点"特效仅作用于第一段素材，如图4-16所示。

图4-16　设置特效

将时间轴移动至第一个节拍点处，添加"画面特效"中的"渐隐"，将该特效时间拉长至两个节拍点间的时长。复制该特效，并将其依次排列，直至第一段素材结尾处。给第二段素材添加"画面特效"中的"星火Ⅱ"，添加后如图4-17所示。

图4-17　添加画面特效

回到功能区初始界面，点击"文字"，选择"新建文本"。在视频的每一个节拍点处插入一句话，至此，文字情感类视频制作完毕。

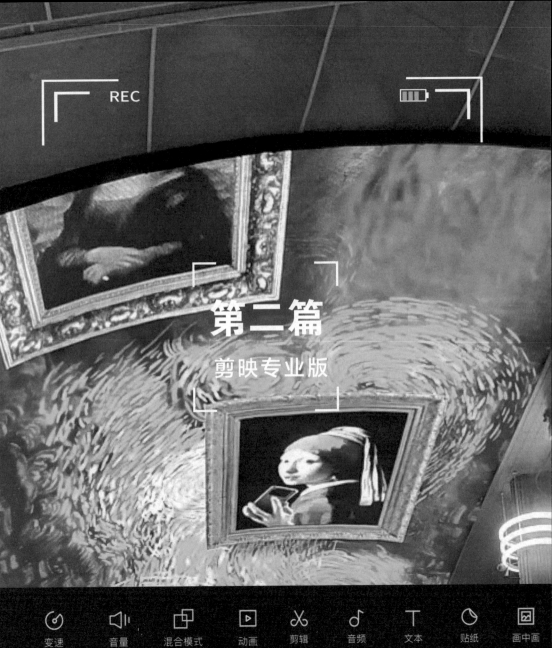

REC

第二篇

剪映专业版

变速　音量　混合模式　动画　剪辑　音频　文本　贴纸　画中画

第五章
剪映专业版的基本认识

5.1 剪映专业版的下载与安装

接下来以Windows10系统为例讲解剪映专业版的下载安装。

在电脑上打开任意浏览器，在搜索栏输入“剪映”二字，在搜索结果中找到剪映官网。注意选择搜索结果中显示为蓝底白字且有“官方”字样的结果，如图5-1所示。点击进入剪映官网。也可在网址区域直接输入https://www.capcut.cn/进入。

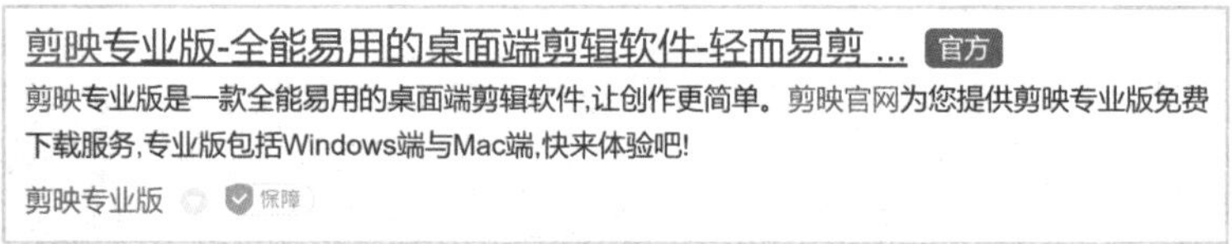

剪映专业版-全能易用的桌面端剪辑软件-轻而易剪 ...
官方
剪映专业版是一款全能易用的桌面端剪辑软件,让创作更简单。剪映官网为您提供剪映专业版免费下载服务,专业版包括Windows端与Mac端,快来体验吧!
剪映专业版
保障

图5-1 剪映专业版官网搜索结果

进入官网后如图5-2所示。在上方选择“专业版”，点击中间的“立即下载”。

专业版
移动端
网页版
企业版
创作课堂
广告合作
进入工作台
轻而易剪
上演大幕
全能易用的桌面端剪辑软件，让创作更简单
立即下载

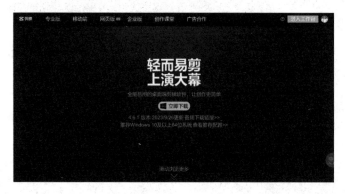

图5-2 剪映官网界面

等待几秒钟后，浏览器右上角会弹出下载选项，如图5-3所示。点击"打开"。

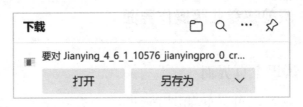

图5-3　下载弹窗

随后将弹出剪映专业版的安装窗口，点击"更多操作"后如图5-4所示。此时可以选择安装位置和是否创建桌面快捷方式，一般默认即可。最后点击"立即安装"，等待安装完成。

图5-4　安装界面

5.2 认识剪映专业版操作界面

5.2.1 认识主页界面

剪映专业版主页界面如图5-5所示。可以注意到左侧竖向界面中的"首页"二字下方的底色为浅灰色，表示此时右侧界面为"首页"的界面。首页界面分为三部分，从上到下依次为开始区、快捷功能区和草稿区。点击开始区中的"开始创作"，即可跳转至视频编辑界面；点击快捷功能区中的任意选项，可以快速进行相关操作（该区域中的选项会随着软件版本动态更新）；草稿区会显示编辑过的视频文件。

图5-5　主页界面

点击左侧竖向界面中的"模板"，进入模板界面，如图5-6所示。界面会推荐一些视频模板，将鼠标移动至相关模板上即可预览模板中的内容。也可以在上方搜索栏输入模板的名称或类型进行搜索，同时可选择画幅比例、片段数量和模板时长，进行更加详细的筛选。

图5-6　模板界面

　　点击左侧竖向界面中的"我的云空间"选项进入云空间界面，此时右侧界面会提示使用者登录抖音账号。点击"点击登录账户"后将进入账号的登录界面，使用移动端抖音软件扫描出现的二维码后授权登录即可。也可点击左侧竖向界面上方的"点击登录账户"后扫码登录。登录后，云空间界面如图5-7所示。点击"上传"，可以将文件上传至云端，在其他设备上登录相同的账号即可使用该文件。

图5-7　云空间界面

点击左侧竖向界面中的"热门活动"，则进入热门活动界面。热门活动界面中会动态更新最新的活动。短视频创作者参与活动可以获得奖金或作品获得流量扶持。如果对视频内容创作没有头绪，那么不妨经常关注活动内容来找寻灵感。活动界面偶尔也会推送剪映的一些使用心得，初学者可以多加留意。

5.2.2　认识功能区操作界面

从首页进入剪辑界面后，可以看到界面被分为四个部分。上方从左到右依次为功能区、播放区和参数区，下方为轨道区。将鼠标指针置于区域中间的分割线处，待鼠标指针变为双箭头图标时，可以沿箭头方向拖拽边框，将不同区域调整为合适的大小。界面左上角的功能区如图5-8所示。接下来介绍功能区中的一些重要功能。

图5-8　功能区界面

点击"菜单"下拉按钮，点击"文件"，可以新建草稿、导入或导出视频文件。点击"编辑"选项，可以对选中的视频进行复制、粘贴和剪切操作，还可以撤销上一步的操作。点击"布局模式"，可以调整界面各个窗口的大小。点击"全局设置"，可以设置草稿和素材的下载位置、预设的保存位置，可以导入其他剪辑软件中的文件，可以设置视频的帧率、音视频的输出设备，以及进行视频的解码设置等。

在"媒体"下的选项中，点击"本地"，可以导入视频、音频、图片素材和复合片段；点击"云素材"，可以同步使用当前账号在其他设备上使用时上传的素材。点击"素材库"，可以根据其类别选择不同的预设素材，也可以在上方的搜索栏通过关键词来定向查找素材。

在"音频"下的选项中，点击"音乐素材"，可以添加各种类别的音乐片段，也可以在上方搜索栏中输入歌曲名称或歌手名称来定向查找音乐素材。点击"音效素材"，可以添加各种类别的音效，也可以通过搜索栏定向搜索音效素材。点击"音频提取"，在导入一段视频后，可以提取出该视频的声音作为音频素材。点击"抖音收藏"，可以为视频快速添加抖音账号中收藏过的音频素材。点击"链接下载"，可以通过粘贴抖音分享的音乐或视频链接来导入该链接来源的音频素材。

在"文本"选项中，点击"新建文本"，可以在下方的轨道区创建文本轨道，方便之后对文字进行编辑。点击"花字"，可以为文本添加各种颜色和样式的边框，也可在上方搜索栏输入花字名称进行定向搜索。点击"文字模板"，可以为文本添加各种风格和背景。"智能字幕"选项中包含"识别字幕"和"文稿匹配"两个模块。点击"识别字幕"模块中的"开始识别"，软件将自动识别视频中的人声并自动生成字幕。点击"文稿匹配"模块中的"开始匹配"，输入音频对应的字幕文稿，即可自动将文稿与画面进行匹配。点击"识别歌词"，可以自动识别音频文件中的人声，并生成对应的歌词字幕。点击"本地字幕"，可以导入提前准备好的SRT、LRC、ASS三种格式的字幕文件。

在"贴纸"选项中，点击"贴纸素材"，可以添加各种贴纸，也可以在上方的搜索栏中输入贴纸的名称或元素进行定向搜索。

在"特效"选项中，点击"画面特效"，可以为视频添加不同风格的画面特效，也可以在上方搜索栏中输入特效的名称进行定向搜索；点击"人物特效"，可以为视频中的人物添加特效，该特效会自动识别视频中的人像。

在"转场"选项中，点击"转场效果"，可以为两段视频添加不同种类的转场特效。

在"滤镜"选项中，点击"滤镜库"，可以为视频添加不同的滤镜。

在"调节"选项中，点击"调节"，可以调节视频的色彩参数、锐化程度、肤色保护等参数；点击"LUT"，可以导入cube和3dl类型的调节文件。

在"模板"选项中，点击"模板"，可以选择设定好的模板，以便快速实现与模板同款的视频剪辑。也可以在上方搜索栏中输入模板的名称或类型，并在搜索栏下方选择画幅比例、片段数量和模板时长进行定向搜索。点击"素材包"，可以为视频添加音效、贴纸、动画等内容融为一体的素材。

5.2.3 认识播放区操作界面

播放区（如图5-9所示）是预览视频素材以及显示所剪辑视频画面的区域，在剪辑界面上方的中心。图5-9中，播放区界面中用数字标出的部分选项对应的功能如下。

①此处显示该视频画面是来自媒体库素材还是来自已经导入轨道区的视频文件。

②蓝色数字表示当前画面在视频中的时间点，白色数字表示视频的总时长。

③此处两排表示左右声道实时的音量大小，在视频播放时会根

据音量跳动。

④此键为播放按键，点击即可播放视频，再次点击将暂停视频播放。

⑤点击此键可以调整画面的大小。放大画面后超出显示区的画面会被隐藏；缩小画面后会显示黑色底色。

⑥点击此键可以调整画面的长宽比例，以适应不同的视频平台以及视频效果。

⑦点击此键，视频将全屏播放。

⑧点击此键将弹出三个选项，如图5-10所示。点击"调色示波器"后点击"开启"，即可在视频下方显示色彩波形；点击"预览质量"，可以选择优先画面处理，比如是提高预览视频分辨率，还是优先考虑电脑性能，提高软件运行的流畅度；点击"导出静帧画面"，可以将当前暂停时间点的画面导出。

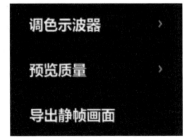

图5-9　播放区界面图　　　　　5-10　⑧号键展开选项

5.2.4　认识轨道区操作界面

轨道区是剪辑过程中最为重要的区域，如图5-11所示。剪辑软件中的轨道就像列车的铁轨，待剪辑的素材就像行驶的列车。一条铁轨上可以同时行驶许多辆列车，但在铁轨的某一个位置上，一个时间段内只能存在一辆列车，也就是说处于同一条轨道上的列车只能前后行驶。如果想要两辆列车并排行驶，那就要再建一条铁轨。此外，每一条轨道都有自己专属的服务对象。例如，视频轨道只能存放视频素材，音频轨道只能存放音频素材，贴纸轨道只能存放贴纸素材。如果在同一个时间段，想要同时展现两个相同类型的素材，则需要另外新建一条轨道。以图5-11为例，此图中共有六条轨道，从上至下依次为滤镜轨道、文本轨道、贴纸轨道、视频轨道一、视频轨道二和音频轨道。可以看到，每一条轨道都只有一种颜色，表示该轨道只能存放同一类型的素材。在视频轨道一中，可以看到"视频素材1"和"视频素材2"两段视频素材，说明只要种类相同，就可以将两个素材存放在一条轨道里。

接下来介绍轨道区的一些主要功能，图5-11中用数字标出的部分选项对应的功能如下。

①点击该图标，待图标变为蓝色时，该图标所在轨道将被锁定，无法对其进行任何操作。

②点击该图标，待图标变为蓝色时，该图标所在轨道将被隐藏，其效果将不再显示。

③点击该图标，选中的轨道中的素材将从当前时间轴处分割为两段。

④该白色线段为时间轴，表示素材当前的播放位置，左右拖动该时间轴，可以快速选择时间节点。

⑤此为录音图标。点击该图标，将自动新建一个音频轨道，并开始录制声音。

⑥此图标为轨道吸附设置。当图标为蓝色时，将开启轨道自动吸附功能。当两个素材片段距离较近时，两个片段的首尾将自动相连。

⑦向右拖动该图标，所有轨道区中的素材将以时间轴为中心向两侧延展；反之，则收缩。

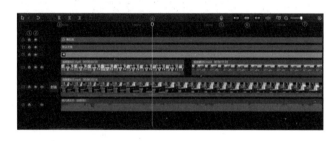

图5-11 轨道区界面

5.2.5 认识参数区界面

参数区界面在剪辑界面的右上角。区别于其他三个界面，参数区中显示的内容会根据素材的类型产生动态变化。接下来介绍在不同素材下参数区的界面及其功能。

视频素材参数区界面如图5-12所示。点击上方的"画面"，可以编辑画面的大小、位置、旋转角度、混合模式、抠像、蒙版类型和美颜美体等参数；点击"音频"，可以编辑视频素材自带声音的音量、淡入淡出效果、音色和音效等参数；点击"变速"，可以编辑视频素材的播放速度；点击"动画"，可以编辑视频素材的出场和入场等效果参数；点击"跟踪"，可以对视频素材中的特定事物启用镜头跟踪功能；点击"调节"，可以调节视频素材的色彩参数。

图5-12　视频素材参数区界面

音频素材参数区界面如图5-13所示。点击上方的"基础"，可以编辑音频素材的音量、淡入淡出时长和声道等参数；点击"声音效果"，可以编辑音频素材的音色与音效；点击"变速"，可以编辑音频素材的播放速度等参数。

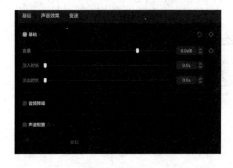

图5-13　音频素材参数区界面

文本素材参数区界面如图5-14所示。点击上方的"文本"，可以编辑文本素材的字体、字号、样式、颜色、字间距、行间距、对齐方式、位置和角度等参数；点击"动画"，可以编辑文本素材的入场、出场和循环效果参数；点击"跟踪"，可以让文本根据特定对象进行跟踪移动；点击"朗读"，可以设置文本朗读的音色；点击"数字人"，可以设置虚拟人物朗读文本。

图5-14　文本素材参数区界面

贴纸素材参数区界面如图5-15所示。点击上方的"贴纸"，可以编辑贴纸素材的大小、位置和旋转角度等参数；点击"动画"，可以编辑贴纸素材的入场特效与出场特效的参数；点击"跟踪"，可以让贴纸素材跟随画面中的特定事物进行跟踪运动。

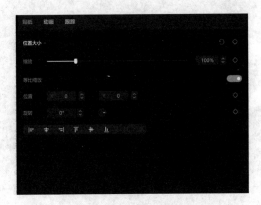

图5-15　贴纸素材参数区界面

滤镜参数区界面如图5-16所示，可以设置滤镜的强度。

图5-16　滤镜参数区界面

第六章

剪映专业版的基本操作

6.1 ▶ 管理与导入素材 ⊙

6.1.1 管理素材

在短视频剪辑的过程当中，一般会用到视频、音频等各种素材。这些素材有的来源于网络，有的来源于剪映，有的来源于自己拍摄和录制。建立一个条理清晰、分类明确的素材管理系统，有助于短视频剪辑工作顺利进行。

以Windows10系统为例，首先点击电脑桌面上的"此电脑"。然后点击"设备和驱动器"，选择剩余空间较大的磁盘，双击该磁盘后，在空白处点击鼠标右键，点击"新建—文件夹"，之后鼠标右键点击"新建文件夹"，点击下方的"重命名"，将文件夹命名为"剪映素材"。按照上述方法，在"剪映素材"文件夹中新建几个文件夹，并分别命名为"剪映下载素材""视频素材""特效素材""图片素材"和"音频素材"，如图6-1所示。

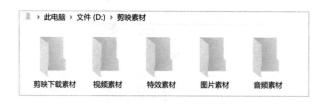

图6-1 新建文件夹

打开剪映专业版，点击右上角的六角形图标，然后点击"全局设置"，点击图6-2中"素材下载位置"后的红色标记处，按照路径选择刚刚创建的"剪映素材"文件夹，之后关闭剪映专业版。之后将剪辑需要的素材按照类别放入对应文件夹，自此，剪辑前的素材管理完成。

图6-2　全局设置

6.1.2　导入素材

以导入图片为例，打开剪映专业版，点击"开始创作"，点击功能区操作界面中的"导入"，按照图片素材的保存位置打开文件夹。点击想要导入的图片素材，当图片四周变为浅蓝色后，如图6-3所示，点击界面下方的"打开"，即可完成图片素材的导入。

图6-3　导入图片素材

若想批量导入素材，则可以按住"Ctrl"键，依次点击想要导入的图片素材，之后点击下方的"打开"，即可完成图片素材的批量导入，导入后功能区界面如图6-4所示。其他类型素材的导入方法与图片素材相同。除了上述方法外，还可以长按鼠标左键，将素材直接拖入功能区进行导入。

图6-4　功能区界面

6.2 ▶ 视频作品快速发布

作品剪辑完成后，点击右上角的蓝色"导出"，进入导出参数设置界面，如图6-5所示。在此界面可以编辑导出视频的标题和导出位置，默认仅导出视频。点击下方"音频导出"前面的灰色方框，即可同时导出视频和音频。接下来介绍视频导出时的其他参数。

分辨率：分辨率指的是视频的清晰程度。分辨率越高，画面越清晰，同时文件越大。目前分辨率最大可选择4k，最小可选择

480p。要注意，选择分辨率时尽量不要超过使用素材的最大分辨率。例如素材为1080p，导出时请选择1080p或其之下的分辨率。

码率：码率越高，导出后的视频与剪辑时使用的素材越相近；码率过低会使导出后的视频丢失色彩等细节。

帧率：帧率指的是单位时间内视频画面变化的次数。帧率越高，画面越流畅；帧率过低，画面则会有明显的卡顿感。

图6-5 导出参数设置界面

6.3 视频剪辑的基本方法

6.3.1 剪裁与拼接视频

首先将素材拖入下方的轨道区，图片素材将自动生成为一段5秒钟的静态视频，如图6-6所示。按住键盘上的"Ctrl"键，同时向上滑动鼠标滚轮，即可放大时间线，时间线上显示的最小时间间隔会随时间线变大而减小。放大时间线，直至时间线上显示的最小时间间隔为1秒。将时间轴拖动至00:03的位置，如图6-7所示。点击时间轴上方的"分割"图标，或按下键盘上的"Ctrl＋B"键，即可以将原本5秒的视频裁剪为3秒和2秒的两段视频。

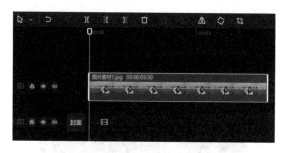

图6-6　图片素材拖入轨道区

图6-7　拖动时间轴

在轨道中添加两段视频，可以发现两段视频分别占用两个轨道，呈上下排列，如图6-8所示。

图6-8　添加两段视频

在同一时间点下，播放区会优先显示上层轨道的视频，如图6-9所示。可以看到在图6-9中，显示的是上方轨道视频的全部，以及下方轨道视频未被上方轨道视频遮挡的部分。

图6-9　播放区画面

点击下方轨道中的视频，长按鼠标左键，将其拖动至上方轨道中，并与上方轨道中的视频首尾相连，如图6-10所示。至此，两段视频拼接完成。

图6-10　两段视频首尾相连

6.3.2 调整视频播放速度

在轨道中添加一个视频素材，点击该素材，点击参数区中的"变速"，如图6-11所示。图片右侧的"1.0×"代表的是当前的播放速度为1倍，点击该选项后可以手动更改为想要的播放倍速。"6.3s"表示的是当前视频片段的总时长，可以通过手动输入新的数值更改播放速度。例如，图中显示当前时间片段长度为6.3秒，可以将6.3更改为12.6来使视频变为0.5倍速。下方的"声音变调"选项默认关闭，关闭时视频中的声音不会因为视频速度的改变而发生音调的变化。若将该选项开启，视频中的声音会随着播放速度的增减，变得尖锐或低沉。

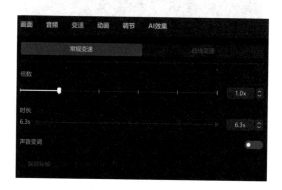

图6-11 变速参数设置界面

6.3.3 调整视频画面大小

有时，我们仅需要画面的某一部分，如图6-12所示。此时，若想仅保留画面中间的小猫和鱼缸部分，删除下方的座椅和上方的墙壁部分，则需要对画面大小进行调整。

图6-12 播放区画面

点击轨道中的素材，点击轨道区上方工具栏中的"裁剪比例"图标，该图标如图6-13中红色标记处所示。

图6-13 "裁剪比例"标识

进入裁剪界面后，拖动四周的白色边框，边框内为最终呈现的画面大小。将白色边框拖动至图6-14所示位置，点击右下角的"确定"，即完成对视频画面大小的调整。

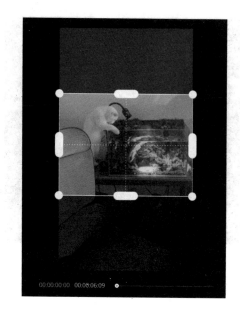

图6-14 调整白色边框

6.3.4 调整视频画面比例

点击播放区操作界面下方的"比例"，可以在其中选择合适的画面比例。不同播放平台的最佳视频比例不同。一般来说，视频分为横向视频和纵向视频两大类。横向视频多用于西瓜视频、哔哩哔哩、优酷视频等以长视频为主的视频平台。竖向视频多用于抖音、快手等以短视频为主的视频平台。横向视频比例一般为16∶9和4∶3，竖向视频比例一般为9∶16。

6.3.5 调整多段视频播放顺序

如图6-15所示，轨道中有三段不同的、由图片生成的视频片段。如果想要将第三段视频片段移至开头，只需要用鼠标点选第三段视频片段，长按鼠标左键，将其拖动至第一段视频片段之前即可。此时，原第一段和第二段视频片段将自动后移，填补原第三段视频片段的位置，移动结果如图6-16所示。

图6-15 三段视频片段

图6-16 视频片段重新排序

6.3.6 调整视频音量

第一种方式：选中轨道中的视频片段，点击参数区上方的"音频"，进入音频参数编辑区，如图6-17所示。点击"音量"文字后的白色滑块图标，长按鼠标左键并左右拖动滑块即可实现视频音量的调整。

图6-17 音频参数编辑区界面

　　第二种方式：仔细观察轨道区的视频片段（如图6-18所示），可以发现该片段由三部分组成。最上方为视频片段的名称和时长，中间部分为视频片段的帧画面，最下方为横向排列的竖向条纹。该条纹代表的是视频的音频部分，条纹越高代表音量越大，没有条纹的地方代表此处的视频没有声音。上下拖动音频部分中间的横线，即可实现视频音量的调节。要注意，当音量过大时，音频部分的竖向条纹顶端将变为橙黄色，如图6-19所示。此时的音频会出现较为严重的失真，因此音量应适中，不宜调得过大。

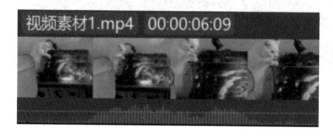

图6-18　轨道区视频片段

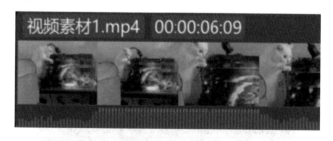

图6-19　调节音量

6.3.7　视频画面镜像操作

　　选中轨道中的视频片段，点击轨道区上方工具栏中的"镜像"图标，该图标如图6-20中的红色标记处所示。点击后即可实现视频画面的镜像翻转。

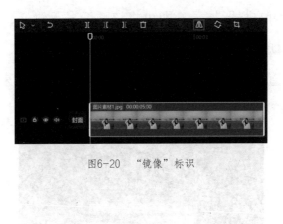

图6-20　"镜像"标识

6.4 ▶ 利用贴纸丰富视频画面

　　单一的视频画面有时会显得单调乏味，可以为画面添加适当的贴纸，使画面变得灵动。点击操作区上方的"贴纸"，进入贴纸界面，如图6-21所示。界面左侧分类归纳了各种不同场景可使用的贴纸，可以点击与视频画面内容及风格相符的分类，快速找到合适的贴纸。也可以在上方的搜索栏中直接输入贴纸的名称，进行精准查找。

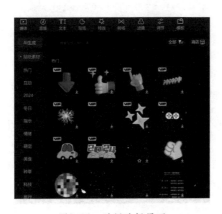

图6-21　贴纸选择界面

点击想要的贴纸，贴纸将自动进行下载。下载完毕后，点击该贴纸左下角的圆形加号，即可将该贴纸导入轨道，如图6-22所示。贴纸的默认持续时间为3秒，下方视频片段时长为5秒。点击橙色贴纸轨道，拖动其最右端，直至与视频片段的末尾相对齐，即可将贴纸持续时间延长至5秒。

图6-22　贴纸导入轨道

贴纸默认位置为视频画面的正中央。点击视频画面中的贴纸，其四周会出现白色矩形边框，如图6-23所示。此时，可以拖动贴纸至画面中的任意位置；也可以拖动白色边框的四角，放大或缩小贴纸；还可以长按图6-23中的红色标记处并左右拖动，实现贴纸角度的旋转。

图6-23　调整贴纸大小、位置和角度

6.5.1 制作文字水印

水印不仅可以记录时间地点等信息，还可以作为防止他人盗用视频的手段。水印不可以太过显眼，以免抢夺视频观看者的视觉重心。首先点击功能区上方的"文本"，点击"默认文本"右下角的圆形加号，此时视频画面中心会出现"默认文本"字样，如图6-24所示。

图6-24 添加默认文本

双击"默认文本"，即可在此处输入需要的文字内容。以时间水印为例，在文本框中输入"2023.12.01"，之后点击并长按鼠标左键将其拖拽至画面右下角。点击参数区上方的"文本"，找到"字号"，点击后面的数字，将其更改为10，如图6-25所示。

图6-25　文本参数设置界面

　　将鼠标放置在参数区，向下滑动鼠标滚轮，找到"不透明度"，点击其后面的百分比数字，将其改为30%，完成后点击任意空白位置，时间水印即制作完毕，效果如图6-26所示。

图6-26　时间水印效果

6.5.2　自动生成字幕

　　字幕可以减小观看者观看视频时的听觉压力。当字幕较多时，逐字输入费时又费力，可以使用"识别字幕"功能快速生成字幕。首先在轨道中添加一段有人声的视频，或额外添加一段带有人声的音频。点击功能区的"文本"，然后点击左侧选项栏中的

"智能字幕"，点击后如图6-27所示。

图6-27　智能字幕界面

点击蓝色方框中的"开始识别"，等待片刻后，可以看到轨道区中新增了一条文本轨道，如图6-28所示。图中共有三段文本，可对其中任意一段进行编辑，编辑后的字号、字体、位置等参数，将同步作用于整个轨道中的全部文本。

图6-28　自动生成文本

若只想单独编辑某一段文本，则先点击参数区的"文本"，取消勾选"文本、排列、气泡、花字应用到全部字幕"选项，如图6-29所示。

图6-29 文本应用设置

6.5.3 自动文本配音

清晰平缓的语言会大大增强视频观看者的观看体验，但并不是每个人都有这样的语言能力，除非是为了展现个人的语言特色，否则大多数情况下，自动生成的配音会令人更加舒适。自动文本配音的前提是要准备一段或多段文字，由软件识别文字并配音。如图6-30所示，此时轨道里已存在三段字幕文本。选中第一段文本，之后点击参数区上方的"朗读"，点击想要的声音类型，最后点击右下角的"开始朗读"。等待片刻后，轨道区如图6-31所示，可以看到轨道区中新生成了一段音频轨道。重复上述方法，为剩余两段文本添加朗读音频后，整个视频的自动文本配音工作完成，如图6-32所示。

图6-30 准备文字

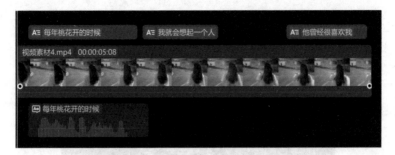

图6-31 自动配音

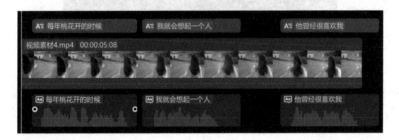

图6-32 完成全部配音

6.5.4 制作片尾名单滚动效果

在新闻播报或影视剧的结尾处，屏幕下方经常会出现滚动的文字消息。另外，许多视频平台也有"弹幕"这种功能。以片尾名单滚动效果为例，首先新建一条文本轨道，在轨道内输入制作者的姓名与职责，并将其拖动至视频末尾，如图6-33所示。

图6-33 新建文本轨道

之后，点击参数区上方的"动画"，点击下方三个选项中的"循环"，在下方找到"弹幕滚动"选项，如图6-34所示。

图6-34 动画选择界面

点击该选项后，观察播放区文本的播放速度。如感觉文本播放速度不合适，则可以点击参数区"动画"选项中最下方的"动画快慢"进行调节，如图6-35所示。调节完毕后，将文本从画面的中间移动至画面下方合适位置。至此，片尾名单滚动效果制作完成。

图6-35 调节动画快慢

6.5.5 制作打字机效果

打字机效果多用于影片的开头和结尾部分，用于渲染气氛、交代事件发生的背景和对事件结果的补充。首先，点击功能区上方的"贴纸",然后在上方的搜索栏中输入"黑色背景"并搜索,选择一张纯黑色背景添加进轨道区。之后,点击功能区上方的"文本",然后点击左侧选项栏中的"新建文本",点击右侧"默认文本"右下角的圆形加号图标。然后,点击功能区上方的"音频",之后点击左侧选项栏中的"音效素材",在上方搜索栏中输入"打字机敲击键盘声2"并搜索,然后将该音效添加进轨道区。此时轨道区存在三条轨道,贴纸轨道、文本轨道和音频轨道,如图6-36所示。

图6-36 轨道区界面

将默认文本修改为自己想要的文字。点击参数区上方的"文本",在该界面修改字间距、行间距、对齐方式等参数,使文本变得美观,编辑完成后播放区如图6-37所示。

图6-37 调整文字参数后的播放区界面

选中文本，点击参数区上方的"动画"，在入场动画中找到"居中打字"并点击。之后将参数区最下方的"动画时长"调整为最大值，至此，打字机效果制作完毕。

6.6 音频剪辑的基本方法

6.6.1 音频的裁剪

除了视频素材本身的音频外，还可以给作品添加额外的音频。常见的音频包括音效和背景音乐，其中背景音乐是绝大部分短视频作品都会用到的音频类别。一般来说，受制于短视频作品的时长，很少以一首完整的歌曲做背景音乐。因此，将一首歌曲中最为动听的部分截取出来，可以更加快速地调动观看者的情绪。

首先将一段歌曲导入轨道区，创建一条音频轨道，如图6-38所示。

图6-38 歌曲导入轨道区

观察音频轨道，可以看到下方的淡蓝色波形有高低之分。一般来说，前后两段较低的波形为歌曲的前奏与尾奏，在短视频中应删除，以便快速进入人声演唱部分。将时间轴移动至前奏结束、人声演唱之前的位置（可以通过观察波形或者播放歌曲来寻找该位置）。之后点击轨道区任意位置，按住键盘上的"Ctrl"键，并同时向上滑动鼠标滚轮。随着滚轮的滑动，可以发现音频轨道中开始出现清晰的、独立的竖条纹，如图6-39所示。

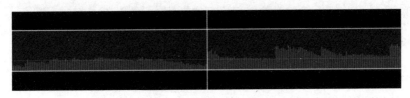

图6-39　音频轨道图示

调整时间轴，使其准确地落在其左右小范围内最矮的竖条纹上。点击轨道区上方工具栏中的"分割"图标，或按下键盘上的"Ctrl＋B"键，即可将该段歌曲的前奏部分分割出来。点击左侧的音频部分，点击轨道区上方工具栏图标中的"删除"图标，即可获得一段跳过前奏直接进入人声部分的音频片段，如图6-40所示，至此，完成音频的裁剪。

图6-40　裁剪完毕后的音频轨道

6.6.2　调整音频播放速度

当作为背景音乐的音频素材与视频素材时长不同时，除了可以对音频素材进行裁剪，还可以通过改变音频素材的播放速度，来实现音频素材与视频素材时间的一致。

在轨道区添加一段音频素材，选中该轨道。点击参数区上方的"变速"，进入图6-41所示界面。"1.0×"表示当前播放速度为原音频素材的1倍，点击该选项右侧，输入新数字，即可更改音频的播放倍速。"247.1s"表示当前音频总时长为247.1秒，点击该选项，输入新数字，即可更加精准地更改音频播放速度。例如，想要将该段音频与一段时长为200秒的视频相结合，只需要将"247.1s"改为"200s"即可，无须计算音频的变速倍数。

下方的"声音变调"选项默认为状态关闭。如果开启，则除了音频的播放速度会改变，音频的音调也会随之改变。除非特殊需要，否则切勿轻易开启。

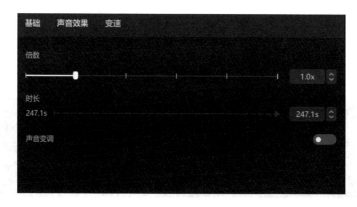

图6-41 变速设置界面

6.6.3 音频的淡入淡出效果

给音频添加淡入淡出效果可以降低音频的突兀感，给观看者以循序渐进和意犹未尽的感觉。

在轨道区添加一段音频素材，选中该轨道。点击参数区上方的"基础"，进入如图6-42所示界面。点击"淡入时长"与"淡出时长"右侧的"0.0s"选项，将其更改为自己想要的音频淡入和淡出的时长。

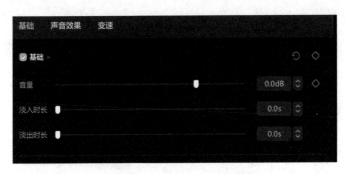

图6-42 基础参数设置界面

以2秒为例，将淡入淡出时长更改为2秒后，音频轨道如图6-43所示。可以发现，音频轨道波形图的前后部分呈现光滑曲线。波形高度代表音量大小，因此逐渐升高的波形代表音量渐强，逐渐降低的波形代表音量渐弱。这种波形呈现的便是音频的淡入与淡出效果。

图6-43 音频轨道图示

6.7 ▶ 快速为视频添加滤镜效果

滤镜是一种通过改变视频的颜色、亮度、对比度、饱和度等属性，从而使视频画面更具美感和艺术效果的处理技术。滤镜的选择取决于短视频的内容与风格。合适的滤镜可以为作品添加特定的视觉风格和氛围。

在轨道区添加一段视频素材，选中该轨道。点击功能区上方的"滤镜"选项，进入滤镜库。在滤镜库中可以看到许多滤镜和效果图。以如图6-44所示画面为例，该段视频为少女在海边的公路上行走，画面偏暗，因此想要为其添加一个高饱和度的滤镜，使视频看起来鲜艳明亮。在搜索栏中搜索"饱和度"，在搜索结果中选择"幻梦"滤镜，点击其右下角的蓝色加号图标，将其添加进轨道区。选中轨道区中的滤镜轨道，向右拖动其结尾处，使其与视频素材时长相同，如图6-45所示。如果觉得滤

图6-44　画面示例

镜效果太强烈，可以先选定滤镜轨道，之后在右上方的参数区调节该滤镜的强度。本示例中滤镜强度为100。全部设置好后，视频滤镜添加工作结束，添加滤镜后的画面如图6-46所示。

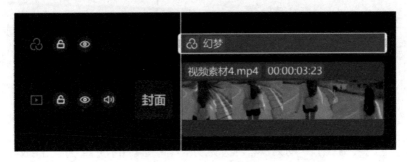

图6-45　调整滤镜轨道时长

图6-46　添加滤镜后画面效果

6.8 ▶ 视频快速添加转场效果 ▼

视频转场效果是一种在两段视频剪辑之间添加的视觉效果，目的是使视频实现自然过渡，或强调剧情变化的处理方法。它可以使视频看起来更流畅，也可以增加观众的观看体验。在使用转场效果时，应注意选择与视频内容和氛围相符合的转场效果，并避免过度使用转场效果，以免分散观看者的注意力。操作方法如下。

在轨道区添加两段视频素材，并将它们放置于同一轨道，如图6-47所示。

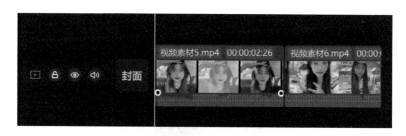

图6-47　添加两段视频素材

选中前面的视频片段，点击功能区上方的"转场"，进入"转场"选择界面。将鼠标停留在不同的转场效果图上可以观看转场效果展示，也可以点击某个转场图，该转场效果将短暂作用于播放区的画面上。找到心仪的转场效果后，点击该效果图右下角的蓝色加号图标，将效果添加至视频轨道中。添加完毕后，视频轨道如图6-48所示。图中的灰色部分为转场效果，其覆盖的视频片段为转场作用于视频的部分。可以点击并拖动灰色部分左右两侧的白色边框，更改转场效果的持续时长，更改完毕后，视频转场效果添加工作结束。

图6-48　添加转场效果

6.9 ▶ 使用画面跟踪功能制作马赛克效果

马赛克是一种影像处理效果，通过将图像或视频的一部分模糊化或用图片等元素遮挡，以达到隐藏或保护某种信息的目的，例如遮挡人脸、车牌号、文本信息等。另外，在短视频中、网络直播时，马赛克也常常被用于对不适宜内容进行遮挡，以符合各种审查和规定。由于需要隐藏或遮挡的事物在视频中往往处于运动状态，为了时刻将其遮挡，马赛克需要跟随事物同步运动。

首先在轨道区添加一段视频素材，点击功能区上方的"贴纸"，选择一款心仪的贴纸作为马赛克，点击贴纸右下角的蓝色加号图标，将该贴纸添加至轨道区，如图6-49所示。

图6-49　添加贴纸

在播放区拖动贴纸并调整大小，使其可以完全覆盖需要遮挡的部分，如图6-50所示。

图6-50　调整贴纸位置、大小

点击参数区上方的"跟踪"，点击其中的"运动跟踪"，之后播放区会出现一个黄色方框。按照移动和调整贴纸的方式，将黄色方框移动到需要马赛克贴纸跟踪的物体处，并使被跟踪物完全处于黄色方框之中，如图6-51所示。之后点击参数区右下角的"开始跟踪",等待系统运算,片刻后马赛克跟踪效果制作完成。要注意,在使用马赛克跟踪效果时,被遮挡物不能有过大的形态变化,尤其是角度不能有过大变化。

图6-51 调整黄色方框位置大小

6.10▶ 使用抠像功能给人物更换背景 ▾

抠像是指在视频中剪切出人物、物体或者其他元素的图像,并将其从原有的背景中分离出来的技术。这项技术可以让我们将被抠出的图像放置到一个全新的背景或者环境中。抠像的技术有很多种,其中最常见的一种是使用绿幕。拍摄时,被拍摄对象后面放置纯绿色的背景,在后期处理时,通过特殊的软件工具将绿色部分去除,从而完成抠像。此外,也有一些更先进的技术,可以在没有绿幕的情况下实现抠像，比如人工智能抠像等。接下来将介绍如何使用剪映的抠像功能给人物更换背景。操作示例如下。

在轨道区添加一段视频素材，选中该视频轨道，点击参数区上方的"画面"，然后点击"抠像"，进入图6-52所示界面。

图6-52　抠像设置界面

勾选下方的"自定义抠像"，点击"智能画笔"。此时将鼠标移动至播放区，鼠标将变为圆形画笔图标。按下鼠标左键并在画面中拖动鼠标，鼠标经过的区域将被覆盖一层蓝色滤镜。用鼠标涂抹想要抠出的主体，涂抹完成后系统将自动识别主体及其轮廓，如图6-53所示。

图6-53　智能画笔涂抹主体

点击"应用效果"，在"抠像描边"中选择"单层描边"选
项。将大小设置为10、透明度设置为100，如图6-54所示。

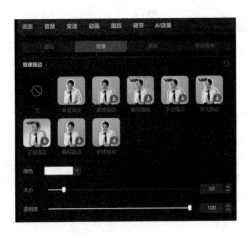

图6-54　设置描边参数

将想要更换的背景视频导入轨道区，并将其轨道拖动至人物
视频轨道下方。调整好背景视频的大小后，完成背景更换，效果
如图6-55所示。

图6-55　更换背景效果图

6.11 ▶ 视频防抖操作

　　在拍摄视频的过程中，受制于拍摄设备、拍摄手法、自然环境等因素，拍摄出的画面会出现一定程度的抖动。在硬件方面，我们可以选择稳定器或支架来提高拍摄的稳定度，减少画面抖动。在软件方面，我们可以利用剪辑软件的"视频防抖"功能来减少画面抖动。下面介绍如何使用剪映专业版来完成视频防抖操作。

　　首先在轨道区添加一段视频素材，选中该视频轨道。点击参数区上方的"画面"，向下滑动鼠标滚轮，点击勾选"视频防抖"，点击"防抖等级"后方的"推荐"可以选择防抖等级，如图6-56所示。开启"视频防抖"功能会裁切画面，使画面主体突出。视频画面抖动越剧烈，开启视频防抖后画面被裁切得越多。对于同一个视频来说，"裁切最少"意味着防抖效果最差，画面保留度最高；"最稳定"意味着防抖效果最好，画面裁切最严重。我们可以根据具体的视频画面来选择不同的防抖等级。

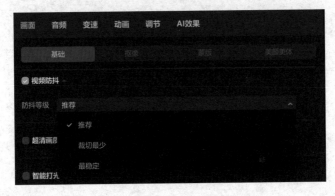

图6-56 视频防抖设置界面

第七章
剪映专业版的进阶操作

7.1 ▶ 调整画面色彩

7.1.1 色彩对视频画面有何影响

色彩在视频画面中起重要作用，可以极大地影响观众的情绪。以下是色彩对视频画面影响的几个方面。

情绪和氛围：色彩能够极大地影响视频的情绪和氛围。暖色调，如红、橙和黄色，通常会给人带来温暖、活跃和乐观的感觉；而冷色调，如蓝、青和紫，通常会给人带来冷静、安静和神秘的感觉。此外，高饱和度的色彩通常看起来更生动、活泼，而低饱和度的色彩显得更柔和、沉稳。

视觉引导：运用色彩可以引导观众的注意力。比如，使用对比色或加强亮度对比，可以使某些元素在画面中突出，从而吸引观众的注意力。

时代和地理环境：色彩还可以帮助视频表现时代背景和地理环境。如黑白色和低饱和度色彩常常用于表现历史或复古的场景，而鲜艳的色彩则常常用于展现现代或热带的环境。

角色性格和情绪：色彩还可以用来呈现角色的性格和情绪状态。如暖色调色彩可能表现出角色的乐观和热情，而冷色调色彩可能表现出角色的冷漠或消极。

故事情节：色彩还可以用来配合故事情节的发展。如在紧张或恐怖的场景中使用暗色调和冷色调色彩，而在快乐或浪漫的场景中使用亮色调和暖色调色彩。

总的来说，色彩的选择和运用是视频制作中的重要考量，合理的色彩可以增强视频的视觉效果，提升观众的观看体验，更好地表现视频的主题和情感。

7.1.2 认识调节界面与调节参数

首先在轨道区添加一段视频或图片素材，选中该轨道，点击参数区上方的"调节"，然后点击"基础"选项，进入基础参数调节界面，其中包含色彩、明度、效果等调节参数。

色彩参数界面如图7-1所示。

色温影响画面的冷暖：色温参数越小，画面颜色越冷；色温参数越大，画面颜色越暖。

色调可以理解为画面整体的颜色、氛围：色调参数越小，画面颜色越偏向绿色；色调参数越大，画面颜色越偏向紫色。

饱和度影响画面的艳丽程度：饱和度越高，画面越鲜艳明亮；饱和度越低，画面越暗淡柔和；如果饱和度为零，则画面变为黑白画面。

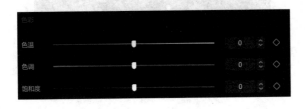

图7-1　色彩参数界面

明度参数如图7-2所示。

亮度越低，画面整体越暗；亮度参数越高，画面整体越亮。要注意，过高和过低的亮度会使画面丢失细节。

对比度影响画面色彩的层次感和丰富程度：增加对比度会使画面中亮的部分更亮，暗的部分更暗，从而使图像的色彩更加分明，增强视觉冲击力；降低对比度则会使图像的色彩过渡更自然、柔和。

高光和阴影为一组，分别针对画面中的明亮之处与暗沉之处。高光参数越低，画面中明亮的区域越暗；高光参数越高，画面中明亮的区域越亮。阴影参数越低，画面中阴暗的区域越暗；阴影参数越高，画面中阴暗的区域越明亮。

白色和黑色为一组，可以简单理解为高光和阴影的增强版。其效果几乎与高光和阴影参数别无二致。

光感主要影响画面中环境光的亮度，要注意，通过光感更改画面的亮度可能会使画面新增噪点，降低画质。

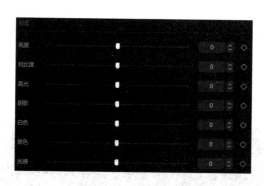

图7-2　明度参数界面

效果参数如图7-3所示。

锐化效果影响画面中物体边缘的对比度，使画面中的物体更加突出。过大的锐化参数会使某些细节过度突出，使画面变得不自然。

清晰效果会通过更改画面中部分物体的对比度和饱和度等参数，达到增强画面清晰度的目的。清晰参数越高，画面越清晰，但颜色变化随之越大。

颗粒和褪色效果常用来展现复古的感觉。

暗角效果负责突出画面中心。

图7-3　效果参数界面

除了基础调节以外，还可以点击"HSL"进入HSL调节界面，如图7-4所示。HSL是色相、饱和度和亮度的英文首字母。在此界面中，有、红、橙、黄、绿、青、蓝、紫、洋红八个色环，点击任意色环，可以单独对画面中的该颜色进行调节。

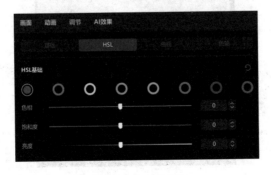

图7-4　HSL调节界面

7.1.3 日系风格画面调色

日系风格画面，又称日风色调，是一种源自日本的独特的色调，近年来在摄影和设计领域非常流行。

日系风格画面主要有如下特点。

温暖的色调：日系风格通常偏向于温暖的色调，包括橙色、黄色和粉色等。

低饱和度：颜色的饱和度低，画面呈现出一种柔和、舒适的感觉。

高反差和高亮度：日系风格使用高反差和高亮度，使画面看起来更加鲜明和有层次感。

强烈的"复古感"：日系风格常模仿胶片的效果，使画面看起来有一种复古、怀旧的感觉。

强调自然和清新：日系风格喜欢使用自然、清新的色调，例如蓝色和绿色。

基于以上特点，对画面的参数进行调节（色温-20；色调20；亮度6；对比度-10；阴影28；颗粒15）。调节后画面如图7-5所示。

图7-5 日系风格画面调色效果图

7.1.4 墨绿森系画面调色

墨绿森系画面的主要特征是色调偏向暗绿色和棕色，给人一种复古沉静的感觉，仿佛置身于深深的森林中。除了被用于森林、草地，以及其他自然环境，墨绿森系也适用于人像展示，可以营造出独特的氛围和情绪。

墨绿森系画面主要有以下特点。

棕绿色调：主要色彩为暗绿色和棕色，给人一种深沉且神秘的感觉，使人仿佛置身于森林之中。

低饱和度：墨绿森系通常会降低色彩的饱和度，使颜色更加柔和，增强了画面的复古感。

高对比度和低亮度：墨绿森系常会降低画面的亮度，增加对比度，使画面更显深沉，强调光影效果。

复古感：墨绿森系色调通常会添加一些颗粒效果，增强画面的复古感和质感。

氛围感：因其独特的色彩组合，墨绿森系能够营造出一种静谧、宁静、神秘的氛围感，给人一种身处森林的感觉。

基于以上特点，对参数进行调节（色温-6；色调-10；饱和度-9；亮度-6；对比度20；阴影-17；光感-31；颗粒25。HSL调节：绿色，色相26；饱和度48；亮度-60）。调节后画面如图7-6所示。

图7-6　墨绿森系画面调色效果图

7.1.5　青橙色调画面调色

青橙色调也被称为冷暖对比色调，是一种常见的画面风格，主要有以下特点。

对比鲜明：青橙色调是从色彩学角度，将暖色调（橙色）和冷色调（青色）进行对比，所以可以产生一种强烈的视觉冲击效果。

强调主体：青橙色调一般将画面主体调整为暖色调，将背景调为冷色调。这样，主体在画面中会更加突出，更能吸引观众的注意力。

情感表达：青橙色调可以营造出一种特殊的氛围，橙色给人温暖、舒适的感觉，而青色则给人宁静、冷静的感觉。这种温暖与冷淡的对比，可以有效地表达出画面的故事感。

基于以上特点，对画面的参数进行调节（基础调节：饱和度-7；亮度7；对比度15；白色-19；清晰90。HSL调节：红色，色相60，饱和度61；橙色，饱和度100；绿色，色相60，饱和度61；蓝色，色相-60，饱和度20）。调节后画面如图7-7所示。

图7-7　青橙色调画面调色效果图

7.1.6　黑冰色调画面调色

黑冰色调，又被称为冷色调，主要以黑色、蓝色和白色为主要色彩，营造出一种冰冷、沉静、神秘的氛围。黑冰色调画面主要有以下特点。

冷色调：黑冰色调使用大量的冷色调，特别是黑色和各种深蓝色，以及少量的亮白色，营造出一种冰冷的氛围。

神秘感：黑冰色调通常色彩饱和度低，显得比较暗淡，给人一种神秘而冷静的感觉，同时也具有一种深沉的美。

高对比度：黑冰色调通常具有较高的对比度，黑色和白色的强烈对比使得画面更具有冲击力和吸引力。

色彩过渡细微：黑色、蓝色和白色之间的过渡通常处理得非常细腻，画面显得丰富且有层次感。

基于以上特点，对画面参数进行调节（基础调节：色温-15；高光-7；阴影18；白色18；黑色-15；光感12。HSL调节：红色，饱和度-100；橙色，饱和度-100；黄色，饱和度-100；洋红，饱和度-100）。调节完画面如图7-8所示。

图7-8　黑冰色调画面调色效果图

7.1.7 动漫风格画面调色

动漫风格来源于动漫。动漫作品为了营造特定的视觉效果，常使用一种特殊的色彩搭配和处理方式，后来这种色彩风格逐渐应用在其他影视作品中。动漫风格画面主要有以下特点。

　　高饱和度：动漫风格通常倾向于使用鲜艳的、高饱和度的颜色，既能吸引观众的注意力，又能更好地传达画面元素的活泼与生动。

　　高对比度：动漫风格以突出主要元素，加强视觉冲击力，使画面更加引人入胜。

　　色调多样：动漫风格可以根据故事情节和人物性格的需要，使用各种不同的色调。

　　高创新性：动漫风格不受现实的限制，可以自由地进行创新和尝试。例如，可以营造超现实的色彩效果，或者创造出独特的色彩搭配和组合，以增加画面的表现力和吸引力。

　　基于以上特点，对画面的参数（基础调节：饱和度23；亮度10；对比度-12；高光-12；阴影11；黑色10；清晰17。HSL调节：红色，色相100；黄色，色相-100；绿色，色相-20）进行调节。调节后画面如图7-9所示。

图7-9　动漫风格画面调色效果图

7.2 双声道环绕音制作

　　双声道环绕音是一种立体声音效，是通过两个或者两个以上的扬声器来播放音频，以此来打造一种音乐或声音从不同方向来的效果。这种技术最初是为了模仿自然环境中的声音而研发的。标准的双声道环绕音通常有左、右两个音频信号，通过左右两个扬声器播放，可以更准确地还原声音的定位感和立体感，让听众有一种身临其境的感觉。操作示例如下。

　　在轨道区添加一段视频素材，选中该视频轨道。点击鼠标右键，在出现的选项栏中找到并点击"分离音频"。此时视频轨道下方出现一条音频轨道，然后将该轨道复制、粘贴在另一轨道上。操作完毕后轨道区如图7-10所示，共有三条轨道。

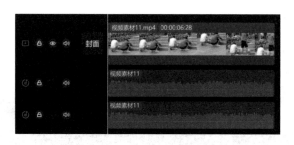

图7-10　轨道区图示

　　点击选中第一条音频轨道，点击参数区的"声音效果"，选择下方的"场景音"，之后，点击"环绕音"，如图7-11所示。

图7-11　声音效果设置界面

　　将下方的"位置"参数设置为0，"环绕速率"参数设置为100。按照同样的方法，给第二条轨道添加"环绕音"效果，并将下方的"位置"参数设置为100，"环绕速率"参数设置为100。设置完毕后，第一段音频仅会在左侧的音频设备播放，第二段音频仅会在右侧的音频设备播放。本次剪辑想达到的目的是：当画面中左侧白衣男子说话时，其声音从左侧音频设备播放；右侧灰衣男子说话时，其声音从右侧音频设备播放。因此，第一条音频轨道只保留白衣男子的声音，第二条音频轨道只保留灰衣男子的声音，即可实现上述效果。根据具体的对话内容裁剪两段音频，裁剪完毕后如图7-12所示。至此，双声道环绕音效果制作完毕。

图7-12　裁剪音频

分屏开场效果可以通过不断更改观看者的视觉重心，增强视频开场的吸引力，有一种舞台帷幕被拉开的效果。接下来介绍如何制作这种分屏开场效果。

首先在轨道区导入三段相同的视频素材，并将它们分别置于不同的轨道。将中间和上方轨道的两段视频的开头进行裁剪，裁剪完毕后如图7-13所示。

图7-13　裁剪视频

选中最下方的视频轨道，点击参数区上方的"画面"，然后点击"蒙版"，选择"镜面"蒙版，将"旋转"设置为90°，"大小"设置为1，如图7-14所示。将时间轴拖动至最下方视频的开始处，点击图7-14中红色方框标记的"◇"图标，该图标表示在该时间点，给该视频添加一个关键帧。

图7-14　设置蒙版参数

　　拖动时间轴至中间轨道视频的开始部分，更改蒙版的"大小"，直至视频画面占据整个屏幕的三分之一，如图7-15所示。再次点击图7-14中的"◇"图标，给最下方轨道添加第二个关键帧。此时对下方轨道中的视频的操作已全部完成。

图7-15　更改蒙版大小

　　按照相同的方式，给中间轨道中的视频添加镜面蒙版，设置好"旋转"和"大小"参数后，将位于屏幕中间的时间轴拖至左侧黑色画面的中间位置，如图7-16所示。

图7-16　拖动白线

　　将时间轴拖到中间轨道视频的开始位置，点击"◇"图标，添加关键帧，拖动时间轴到最上方视频轨道的开始部分，更改蒙版的"大小"，直至左侧黑色画面完全被视频画面遮盖，如图7-17所示。点击"◇"图标，给中间轨道添加第二个关键帧。此时对中间轨道的操作全部完成。按照相同方式，给最上方轨道的视频添加蒙版与关键帧，并调整蒙版位置，全部设置完成后，分屏开场效果制作完毕。

图7-17　调整蒙版大小

7.4 ▶ 制作旋转开场效果

首先在轨道区导入一段作为主体的主视频和一段作为辅助的背景视频，并将它们分别置于不同的轨道，主视频轨道在背景视频轨道上方，如图7-18所示。

图7-18　导入两段视频

选中主视频轨道，点击参数区上方的"画面"，然后点击"蒙版"，选择"镜面"蒙版，将"大小"设置为1，如图7-19所示。将时间轴拖动至视频开始处，点击"◇"图标，给主视频添加一个关键帧。

图7-19　蒙版参数设置界面

　　将时间轴拖动至视频2秒处，按照上述方法添加镜面蒙版，将
"大小"设置为刚好使主视频完全覆盖背景视频的数值，将"旋
转"设置为360°，点击"◇"图标，给当前位置添加关键帧。至
此，旋转开场效果制作完成。

7.5 制作同屏回忆效果

　　同屏回忆效果是在主视频的基础上，若隐若现地出现其他场
景，是一种用来表现回忆或思考的视频效果。操作示例如下。

　　首先在轨道区导入一段主视频和一段回忆视频，并将它们分别
置于不同的轨道，主视频轨道在回忆视频轨道下方。选中回忆视
频轨道，点击参数区上方的"画面"，然后点击"蒙版"，选择
"圆形"蒙版。根据回忆视频中的事物大小，更改圆形蒙版的大
小和位置参数，并将"羽化"参数设置为5，设置完毕后，播放区
画面如图7-20所示。

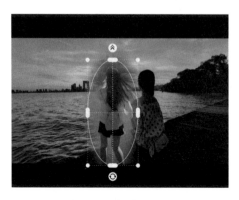

图7-20　播放区画面

点击参数区上方的"基础"，将"不透明度"更改为75%，将回忆视频的画面拖至想要的位置并调整至合适的大小，调整完毕后如图7-21所示。点击参数区上方"动画"，点击"入场"，选择"渐显"，将"动画时长"调整至2秒。至此，同屏回忆效果制作完毕。

图7-21　调整回忆视频的位置与大小

7.6　制作镂空文字片头

首先制作文字移动动画。在轨道区导入一段纯黑色画面视频，点击功能区的"文本"，然后点击"默认文本"右下角的白色加号。双击"文本"，输入"FANTASTIC"，将文本字体修改为"Anton"，字号修改为120，此时播放区画面如图7-22所示。

图7-22　播放区画面

　　将时间轴拖至视频开始处，点击图7-23中的红色方框标记处的"◇"图标，给文字添加一个关键帧。拖动文字，将首字母左侧与画面左边缘对齐，拖动时间轴至视频末尾，拖动文字将尾字母右侧与画面右侧对齐，再次点击"◇"图标，给文字添加第二个关键帧。至此，文字移动动画制作完成。点击软件右上角的"导出"，将这段文字移动动画导出备用。

图7-23　添加关键帧

　　将刚才保存的文字移动动画和一段背景视频都导入轨道区，将文字移动动画轨道置于背景视频轨道上层，如图7-24所示。

图7-24 导入动画与背景视频

选中文字移动动画轨道，点击参数区上方的"画面"，找到下方的"混合模式"，将"正常"切换为"变暗"。至此，镂空文字片头制作完毕，效果如图7-25所示。

图7-25 镂空文字片头效果

第八章
热门视频类型的创作分析

8.1 脚本——优秀视频的根基 ▼

8.1.1 什么是脚本

在了解什么是脚本之前，我们先来分析一下一部视频作品是如何从无到有产生的。

任何一部优秀的视频作品都绝不是一拍脑袋，抄起手机相机，凭借一股没头没脑的气势拍摄一气再随便剪辑一下就能完成的。越是严肃的、正规的、商业化的作品，越要遵循一套有条理的基本逻辑，而脚本就是这个逻辑。如果想要拍摄一段搞笑风格的视频，就要先想好整体的剧情脉络，确定剧情的发生地点、出场人物、人物之间的对白、拍摄不同场景时需要用到什么样的景别，拍摄角度如何选择……这些都是在开始拍摄之前要明确的。将以上的诸多问题汇总起来，按照表格、文本等形式进行总结，最终得到的就是脚本。

理解了脚本的本质之后，很容易就能推断出脚本的定义。脚本的英文名为"Shot List"，直译过来就是"短片的清单"，一般包含视频片段所对应的镜头号、画面内容、镜头运动方式、景别、片段时长、人物对白或旁白、音效、背景音乐等，常采用表格等形式。在创作脚本时不必拘泥于上述内容，可以根据视频的实际需要以及创作者的习惯和能力自由调整。

8.1.2 脚本的形式

1. 清单式

顾名思义，清单式脚本就是将所有要在视频中展现出来的点以清单的方式呈现，是一种纯文字类型的脚本形式。其优点是条理清晰、编写简单，是一种哪怕是刚刚接触脚本编写的新人也可以在短暂练习后快速上手的脚本形式，缺点是无法表现出具体的画面，包括人物到镜头的距离、环境中物品的布局等。因此清单式脚本常用于产品评测、人文科普、使用教程等这些以大段的语言为主、场景较为单一、对拍摄技法要求较低的视频形式。

2. 表格式

表格式脚本是一种十分专业且完善的脚本形式，可以很好地应用于各种风格和内容的视频拍摄。

表格式脚本的内容包括镜头号、分镜、内容概述、镜头运动、人物台词、景别、时长、背景音乐、音效等。

镜头号：镜头在脚本中所处的顺序号，按照实际的剧情走向编写。

分镜：场景的图画示意图。

内容概述：用文字简单交代分镜的场景。

镜头运动：推、拉、移、摇等镜头运动方式。

人物台词：画面中人物的对白以及画外音。

景别：近景、中景、远景、特写等。

时长：该片段在最终剪辑时所保留的时长。

背景音乐：标注选用的背景音乐，并标明所选音乐片段的具体时间点。

音效：选用的音效以及音效出现的时间点、持续的时长等。

8.2 ▶ 产品介绍类视频

8.2.1 产品介绍类视频的创作分析

相较于Vlog（视频日志）、旅游类视频、影视解说类视频等，产品介绍类视频有极为明确的目的，即为产品的销售而服务。

产品介绍类视频主要有以下三个特点。

1. 主体明确

以某品牌手机的新品发布视频为例，视频往往采用纯色、干净的背景，中间为闪闪发光的产品。在这种简约的背景下，观看者的视线可以完全聚焦于产品之上。

2. 注重细节

产品介绍类视频一定要力求展示我们平时肉眼看不到或者被忽略的一些细节，这样做是为了减少观看者对产品的陌生感，一般要展示产品的做工、材质、设计等方面的细节。

3. 条理清晰

笔者曾经买过一个疏通马桶的气筒，但是在买之前，我对这个气筒的性能持怀疑态度，毕竟我已经尝试了很多其他方法，都没有成功疏通马桶。但是这个产品的视频一步一步地解释："你看是这样做，然后这样做……"最后，还将一个马桶的横截面展示出来。那个视频就通过非常清晰的表达逻辑将我说服了，最后我果断下单。由此可见，一个条理清晰的产品介绍视频会极大地提升产品的宣传效果。

8.2.2 产品介绍类视频脚本实例

以清单式脚本为例，展示一个介绍人体工学椅的视频脚本。

开头

主讲人自我介绍（正面）

阐述椅子的重要性（保护脊椎和颈椎，减少久坐导致的疾病）

发起互动（各位可以把自己现在使用的椅子的型号打在评论区）

插入片头（由左到右滑动入场）

正片

从右后方环绕拍摄至人物右前方，同时搭配画外音，阐述平时的使用环境（一名视频创作者，平时大量的时间都要坐在电脑前）

展示一把普通的椅子，人坐在上面用手扶着腰，画外音（这种椅子会给久坐的人的脊柱造成巨大的压力），红色"×"符号飞入画面（由大到小快速飞入）

拍摄本次介绍的人体工学椅，固定镜头，缓慢旋转椅子一周

近景拍摄椅子扶手，由前到后（使用补光灯跟随镜头移动）

拍摄椅子的坐垫（要能看到纹路，展示过程中插入背景音乐）

正面介绍人体工学椅与普通椅子的不同（贴合人坐姿的曲线）

人体脊柱演示动画，重点强调腰部与颈部的构造

近景拍摄人体工学椅的腰部与颈部的设计

中景拍摄人坐在椅子上，调节椅子的高度和靠背倾斜度，画外音（满足不同身高的需求，这把椅子可调节的地方非常多）

结尾

正面拍摄，总结优点

插入片尾（从左到右滑动出场）

按照上述脚本内容进行拍摄，拍摄结束后将素材按照顺序导入剪映，添加字幕、转场和背景音乐后，一个专业的产品介绍视频就制作完毕。

8.3 开箱视频

8.3.1 开箱视频的创作分析

开箱视频是近些年开始流行的一种视频类型，主要内容是拍摄者将新购买或收到的产品的包装打开，并展示产品的过程。这种视频通常包含对产品的详细描述、特性解析，有时候还包括产品的使用方法示范以及对产品的评价。

开箱视频在互联网社区非常受欢迎，特别是在科技和电子产品领域。许多人在购买新产品前，会先去网上观看相关的开箱视频，以了解产品的实际外观、功能、使用感受等信息，然后再做出是否购买的决定。

拍摄开箱视频需要一些准备工作和技巧，以下是一些基本的要点。

1. 设定场景

选择一个光线充足、背景干净的地点进行拍摄，以确保背景不会分散观众的注意力。

2. 制订拍摄计划

在拍摄之前，制订一个拍摄计划。列出想要展示的产品特色、功能等，保证拍摄过程有条不紊。

3. 开始拍摄

开始录制时，首先简单介绍一下你要开箱的产品，然后慢慢地打开包装，让观众感受到你的兴奋和期待。展示产品时，尽可能详细地介绍产品的各个部分和特性。

4. 互动和总结

在视频的最后，可以分享自己对产品的第一印象和使用感受；也可以向观众征求意见或提问，增加互动性；还可以鼓励观众订阅、点赞或分享。

8.3.2　开箱视频脚本实例

下面以一个智能手环开箱为例，通过表格式脚本来展现一个完整的开箱视频脚本的编写。

镜头号	分镜	内容概述	镜头运动	人物台词	景别	时长
1		坐在桌前进行自我介绍	固定镜头，正面拍摄	观众朋友大家好，今天给大家介绍的产品是一款来自×××的智能手环，这款手环也是最近后台私信我最多的一款产品，我也是刚拿到货就第一时间来这里向大家分享	中景	10秒
2		将手环包装展现在画面中	固定俯拍	从包装上就能看出，这个品牌的智能手环在包装方面比起前代肯定是有所提升，毕竟前代产品在上次测评时出现了包装破损的情况，现在这方面明显改善了很多	近景	10秒
3		打开手环包装	侧前方近距离固定拍摄	事不宜迟，我们马上打开包装，可以看到包装盒是采用双层中空结构作为保护，大大加强了保护功能	特写	7秒
4		打开手环和配件外部的保护膜	固定镜头俯拍	接下来撕开保护膜，欸？这是什么？好像是一根充电线，而且是专用接口的充电线	特写	6秒
5		将包装、手环、充电线摆放整齐	固定镜头俯拍	这就是拆开包装后全部的东西了，这次的手环产品还额外附带了一根充电线	近景	6秒

镜头号	分镜	内容概述	镜头运动	人物台词	景别	时长
6		给充电线进行特写拍摄	固定镜头正面拍摄	可以看到这次的手环采用的不是传统的type-c 式的充电模式，而是这种点触式的充电模式，不仅提升了防水性能，还提高了手环的美观性	特写	6秒
7		展示手环的细节	近距离转镜环绕拍摄	这次手环的颜色非常统一地使用了纯黑色，并且相较于前代产品，更加小巧	近景	10秒
8		近距离展示手环细节，并用手抚摸	近距离转镜环绕拍摄	屏占比也大大提高，同时半磨砂的质感摸起来也更加顺滑，还不会留下指纹，这是强迫症患者的福音	特写	10秒
9		将手环戴在手腕上进行展示	近距离转镜环绕拍摄	（戴上之后）各位观众朋友们可以发表一下自己的看法，就我个人而言，我觉得这款产品无论是从外形上还是质感上都远超它的前代产品	近景	10秒
10		在手机中调出手环所用的APP（应用程序）	固定镜头俯拍	我们进入这个软件的主页，可以看到这款手环不仅可以实时测量使用者的心率、血压、卡路里消耗量，甚至还可以脱机使用GPS（全球定位系统）定位功能	近景	10秒

续表

镜头号	分镜	内容概述	镜头运动	人物台词	景别	时长
11		连接手环与手机	固定镜头俯拍	手环与手机的连接也十分简单，只需要打开手机的蓝牙功能，按住手环上方的按钮，保持按下的状态慢慢靠近手机，手环与手机便会自动连接	近景	8秒
12		将此手环与前代手环进行对比	固定镜头俯拍	这是上一代手环，那各位观众朋友觉得哪款更吸引你呢？欢迎各位把你的选择打在下方的评论区。我是×××，一个专注于科技产品推广的创作者，我们下期再见	近景	10秒

8.4 烹饪教学视频

8.4.1 烹饪教学视频的创作分析

烹饪教学视频可以分为两种：专业烹饪教学与家常烹饪教学。虽然两种都是教观看者烹饪，但视频的风格有很大区别。专业烹饪教学注重教程的绝对正确，食材的新鲜程度、切法、各原料的比例、油温等都要清晰而准确。而家常烹饪教学则更注重按照绝大多数人日常的生活状态进行教学。比如，在专业烹饪视频中某一步需要用到十几种香辛料，这是一般家庭所不具备的，那么家常烹饪教学就可以将配料简化，更加贴近生活。抑或专业教程中时不时有小火慢熬的过程，这个过程少则几小时，多则十几小时，对于普通人来说大多没有那么长的时间，而家常烹饪教学则专注于分享简单、快捷、美味的食品烹饪方法。简单来说，专业烹饪视频就像一本权威的"说明书"，而家常烹饪教学更像是一群"不那么会做饭的人"在一起交流经验心得。

8.4.2　烹饪教学视频脚本示例

下面以制作黄焖鸡米饭的烹饪视频为例，通过表格式脚本来展现一个完整的烹饪教学视频脚本。

镜头号	分镜	内容概述	镜头运动	人物台词	景别	时长
1		自我介绍	固定镜头正面拍摄	观众朋友大家好，今天教大家制作一道街头巷尾无处不在的经典美食——黄焖鸡米饭。学好这道菜，分分钟实现黄焖鸡自由，而且没有"科技与狠活"	中景	10秒
2		展示切鸡腿的过程	固定镜头俯拍	首先将干香菇泡发备用，将四个鸡腿用小刀剁成三厘米左右的小段。喜欢大口吃肉的朋友可以按照自己的习惯调整肉段的大小与分量	近景	5秒

续表

镜头号	分镜	内容概述	镜头运动	人物台词	景别	时长
3		展示在切好的鸡腿肉中倒入清水的过程	固定镜头斜角度拍摄	将切好的鸡腿放入清水浸泡，这一步是为了去除鸡腿中的血水，浸泡时间根据鸡肉的新鲜程度而定，一般冷冻过的鸡腿肉要浸泡四到五个小时，新鲜的鸡腿肉则泡一小时即可	特写	7秒
4		展示青红椒切片过程	固定镜头俯拍	准备适量的青红椒，从中间切开，取出辣椒籽后切成三厘米的薄片。使用青红椒是为了美观，没有两种的话可以用单一的青椒或红椒都可以	近景	6秒
5		展示土豆切块的过程	固定镜头俯拍	将两个土豆洗净去皮后，切成矿泉水瓶盖大小的土豆块。为浸泡好的鸡腿肉中加入少许食用盐、料酒、生抽，抓匀后腌制半小时	近景	5秒

续表

镜头号	分镜	内容概述	镜头运动	人物台词	景别	时长
6		展示倒入食用油的过程	固定镜头斜角度拍摄	将锅烧热至微微冒烟，倒入适量食用油润锅	特写	3秒
7		展示煎土豆的过程	固定镜头斜角度拍摄	油温三成热，将切好的土豆下锅煎一下，等到土豆外壳变得金黄即可捞出。这一步，一是为了增加土豆的香味；二是为了降低之后炖煮的时间；三是减少炖煮时土豆淀粉的析出，保证汤汁透亮	近景	8秒
8		展示煸炒香料的过程	固定镜头斜角度拍摄	将土豆盛出后，使用残余的油煸炒香料。葱段、大蒜、干辣椒，一点儿小茴香。炒出香味后下入鸡腿肉，快速翻炒几下后转小火。加入一勺黄豆酱、一勺蚝油、半勺豆豉、半勺老抽、八块冰糖调味	特写	9秒

续表

镜头号	分镜	内容概述	镜头运动	人物台词	景别	时长
9		展示盖上锅盖的过程	固定镜头斜角度拍摄	小火炒匀后下入泡好的香菇，倒入泡香菇的水至完全没过全部食材。大火烧开后加入一点儿醋，不喜欢的也可以不加。盖上锅盖小火炖煮半小时	近景	9秒
10		展示出锅前的翻炒过程	固定镜头斜角度拍摄	半小时后加入刚刚煎过的土豆块，也可以根据自己的喜好加入宽粉、青菜、豆腐等配料，根据情况补充少量水。盖上锅盖小火焖煮15分钟后下入准备好的青红椒，翻炒至断生。出锅，配上热乎的米饭，这样的黄焖鸡米饭，你学会了吗？喜欢的话麻烦点一下右上角的小红心，关注我，带你在家吃遍美食	近景	15秒

8.5 ▶ 影视混剪视频　　　　　　　　▼

8.5.1 影视混剪视频的创作分析

影视混剪视频是将不同影视中的片段通过一定的规律剪辑在

一起并配上背景音乐而成的视频形式。影视混剪视频可以分为两种——卡点混剪与剧情混剪。

1. 卡点混剪

卡点混剪的关键在于将影视片段与背景音乐进行有机结合，通常情况下选择影视中酷炫的场景或人物动作作为素材，将有视觉冲击力的片段通过转场特效相连，不断给观看者以视觉冲击。同时利用影视中的音效，如刀剑挥砍的碰撞声、枪击声等，与背景音乐进行卡点剪辑，突出视频的节奏感。

2. 剧情混剪

剧情混剪与卡点混剪不同，并不注重场景的连续切换，而是着重于情节的相似与连贯。剧情混剪往往通篇围绕一个主题，例如励志、催泪、希望等，将符合该主题的片段挑选出来进行组合，使观看者的情绪全程与影片高度绑定。

影视混剪视频是所有视频类型里最为简单的，只要熟悉剪辑软件的操作，就能很快上手，唯一的缺点就是对剪辑者的观影数量要求较高。没有庞大的影视观看数量，很难将具有相似动作或剧情的影视联系在一起。剪辑者可以通过在网上搜索不同类型的影视推荐，进行观看，以弥补这点。

8.5.2　影视混剪视频的制作流程

第一步，确定风格。

第二步，根据确定好的风格下载相应的影视作品。

第三步，选取影视中合适的片段，并对其进行简单记录。

第四步，在剪映中将选取的片段按照顺序排列。

第五步，导入背景音乐，根据背景音乐调整各片段的时长。

第六步，给视频添加转场特效。

第七步，添加文字，主要以剧情台词和背景音乐的歌词为主。

8.6 影视解说视频

8.6.1 影视解说视频的创作分析

影视解说视频主要是将一部影视的剧情进行精简，将其中对于剧情帮助大的片段或影视中出现的经典场面保留，再通过配音的方式重构一部影视的影视剪辑类型。在影视解说中，视频最为重要的是视频的文案，视频的文案直接决定影视解说视频的质量。文案的风格可以为"学院派"，例如将影视中的细节进行拆分，进行专业的分析；也可以幽默，在剧情中插入一些时下热门的段子或梗；也可以文艺，如散文般对影视进行解说；等等。

影视解说视频有如下几条注意事项。

1. 版权问题

不同于影视混剪采用众多影视中的片段进行剪辑、拼接，影视解说视频使用的是单一的影视作品，这样就很容易构成版权侵权。制作前，可以在中国版权保护中心官网查询该影视对外开放的权限是否包括解说和二次创作。

2. 文案风格的合理性

文案的风格要与所解说的影视风格相似，至少要做到不与其原有风格或基调相反，例如战争类影视题材不宜采用调侃的解说手法，除非是像《亮剑》这种作品本身就带有一定喜剧情节的战争类影视。

3. 剪辑内容与节奏

在剪辑影视解说类视频时要主次分明，剪去某些对于剧情发展无意义的对白与情节，这就要求创作者对于该作品要有较为深刻的理解与认识，否则胡乱剪辑一气只会让观看者觉得浪费时间。

4. 爆点前置

由于短视频的特殊性，在剧情设置上需要把爆点情节安排在视频的开头，这样才能更好地吸引观看者将视频看下去。但是不需要百分之百地呈现爆点，可以仅点明爆点的内容而不交代前因后果。

5. 配音

配音时最好采用真人配音，虽然现在的软件可以将文字智能地转化为语音，但在情感表达方面机器与人还是相差甚远。但若是吐字不清晰、带有较重的口音或方言，为了保证视频的质量还是应该选择智能配音。为了避免声音内容过多，一般来说，影片的原声、解说声、背景音乐三者在某一片段中只能同时存在两项，否则就会使视频声音变得嘈杂。

8.6.2 影视解说视频的制作流程

第一步，确定选题。

第二步，深入了解影片的故事内容后编写文案。

第三步，根据文案内容找到影片中对应的部分并加以标记。

第四步，进行配音工作。

第五步，根据完成的配音，将影片对应的片段按照时间点进行排列。

第六步，加入背景音乐。

第七步，制作字幕。

第九章

剪映VIP功能解析

购买剪映VIP可以使用一些高级功能，但这些功能在视频剪辑过程中主要起到锦上添花的作用。本章将介绍剪映VIP的专属高级功能，大家可以根据本章内容来决定是否购买剪映VIP。

9.1 ▶ 超大的剪映云空间

剪映云空间是一个可以实现剪映云端数据存储的空间。

云空间可以有效保护草稿。一般情况下，草稿中用到的素材在剪辑以外的时间里不能更改其存储位置，否则再次打开该草稿时，剪映会由于找不到发生移动的素材，导致草稿损坏。但将草稿上传至云空间，可以有效避免这样的问题。草稿上传之后，不论对草稿中的素材进行何种操作，包括删除、编辑、移动等，都不会影响云空间中的草稿。云空间中的草稿可以下载至任何登录该账号的设备中，下载后即可直接进行编辑。

除了草稿之外，云空间还可以存储视频、音频、图片等素材。这样，不仅可以减少寻找常用素材的时间，还可以降低大文件素材对于存储空间的消耗。

剪映云空间必须在登录抖音账号的情况下才能使用，普通用户有512MB的使用空间，VIP用户有100G的使用空间，大约为普通用户的200倍。除了开通VIP以外，还可以开通"云盘包"来扩充空间。

超清画质

超清画质功能可以提升画面的画质，减少模糊情况，搭配"锐化"与"清晰"调节，可以大大提升画面的清晰度。图9-1为开启超清画质后的效果，图9-2为没有开启超清画质的效果。可以看到开启超清画质后，画面中的轮廓和细节都得到很好的表达。要注意的是，超清画质功能并不是万能的，它只能将"有点儿不清晰的影像"转化为"较为清晰的影像"。如果影像本就非常模糊，超清画质功能几乎没法起到改善作用。

图9-1 开启超清画质效果 　　　　　图9-2 未开启超清画质效果

9.3 智能打光

在摄影中，光影是非常重要的元素。合适的光影可以赋予影片生命，营造出各种各样的氛围和情绪。

光线的方向能影响照片的质感和深度。例如，正面光会使物体的面部细节更加清晰，侧光则可以产生阴影和立体感。

强光照射会产生明显的亮暗对比，产生强烈的影调变化；而柔和的光线能够使照片的色彩更加丰富，产生温馨的感觉。

不同色温的光线可以营造出不同的氛围。例如，冷色调的光线可以带来冷静、宁静的感觉，而暖色调的光线则能带来温暖、舒适的感觉。

一般人在影片拍摄过程中，很难时刻注意光影的运用。因此，我们可以在剪辑的时候使用智能打光功能，给画面增加后期光源。图9-3为一待处理的视频画面，可以看出该画面左下角镜头外，有一不和谐的光源，使人物面部局部发亮。此时可以利用智能打光功能，在画面右上角添加一处光源并调整其颜色和强度。添加完成后的效果如图9-4所示，人物面部细节更加清晰，画面重心更加稳固。

图9-3　待处理视频画面　　　　　　　　图9-4　添加光源后视频画面

9.4 视频降噪

　　视频噪点，通常是指在视频图像中出现的不应有的、随机的、明暗不一的小点，如图9-5所示。这些小点通常是由于摄像头的感光元件（如CCD或CMOS）在拍摄时接收到的光线不足，或者是由于视频信号在传输过程中受到干扰而产生。噪点会降低视频的清晰度，使画面看起来粗糙，影响观看体验。除此之外，噪点也可能是由视频压缩过程中的信息丢失导致的。为了缩减文件的大小，经常会对视频进行压缩，在压缩时会丢弃一些视觉上不太重要的信息。如果压缩过程过于激进，则可能会使视频出现明显的噪点。

利用视频降噪功能可以在一定程度上去除视频中的噪点，降噪强度越高，视频噪点越少，但画面越模糊，图9-6为开启视频降噪后的画面。

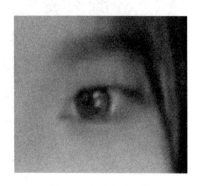 

　　图9-5　有噪点的图像　　　　　　　图9-6　开启视频降噪后的图像

9.5　视频去频闪

视频频闪，也称为闪烁，是拍摄视频时一种常见的问题。在拍摄视频时，如果摄像机的帧率与光源（如荧光灯）的频率不同步，可能会在视频中产生频闪。这是因为荧光灯等人工光源并不是连续发光的，而是以一定的频率进行闪烁。如果摄像机的帧率与光源的频率不同步，则摄像机可能会在光源闪烁的高峰和低谷之间捕捉到图像，从而在视频中产生频闪。此外，视频在压缩与编码过程中偶尔也会出现错误，这些错误也可能导致视频画面出现闪烁。

可以使用"视频去频闪"功能去除画面中的频闪，还可以根据产生频闪的原因选择去频闪的类型。

9.6 ▶ 智能转比例

在更改视频比例时，剪映会优先保证画面的完整。比如，利用更改视频比例功能，将一个16∶9的横向视频更改为一个9∶16的竖向视频时，画面上下由黑色背景进行填充，如图9-7所示。如果使用"智能转比例"功能，则剪映将会识别画面中的主体，裁剪多余的画面，并根据目标比例，以填充的方式对画面进行填补，如图9-8所示。

图9-7 更改视频比例画面   图9-8 智能转比例画面

9.7 ▶ 智能运镜

运镜是摄影术语，主要指摄影时镜头的活动。运镜可以构成镜头的变化，使画面动态化，表现出空间感和深度感，使影片画面更加生动和丰富。运镜也可以创建一些特殊效果。比如："拉焦"可以使景深发生变化，令画面产生视觉冲击力；"追焦"可以使移动中的目标保持在画面中心，产生速度感；"摇摄"可以在一定范围内转动镜头，使画面呈现更大范围的景物。

使用运镜拍摄时，镜头要极为稳定，而且拍摄时不仅需要高超的摄影技法，还需要专业的硬件设备进行辅佐。作为非专业人士，我们可以使用"智能运镜"功能实现简易的运镜效果。目前，剪映提供了四种智能运镜效果，分别是"动感""缩放""摇晃"和"柔和"。这些运镜效果一般应用在舞蹈中，选中运镜后，还可以设置运镜的缩放程度、旋转角度和移动距离。设置完毕后，即可得到一个拥有运镜效果的动感视频。

9.8 ▶ 镜头追踪

镜头追踪可以理解为一种特殊的运镜方法，仅针对人像视频有效。开启镜头追踪功能后，可以从"头""身体"和"手"三个选项中选择一个，作为镜头的追踪对象。完成选择后，画面将时刻保持被选择选项在画面中的位置不变。例如在拍摄舞蹈视频时，背景往往不变，人物在画面的不同位置穿梭。但如果选中人物的身体作为追踪对象，则无论人物如何移动，其身体都处在画面上的某一固定位置。可以理解为人坐在车窗旁，无论窗外的景色如何改变，人相对于车窗始终处于同一位置。这样的镜头追踪可以使观看者的视线聚焦，使观众的关注点始终落于被追踪的物体上。

9.9　独特的美颜美体参数

VIP用户可以使用一些独特的美颜美体参数。

均肤：主要用于优化和改善皮肤的外观。这种效果可以消除皮肤的不均匀色素，减少皱纹和瑕疵，提高皮肤的亮度和平滑度，使皮肤看起来更加光滑、健康和年轻。要注意，过度使用均肤效果可能会使皮肤看起来不自然，因此使用要适度。

丰盈：主要用于增强和改善面部的轮廓和特征，如提高颧骨、填充嘴唇、改善眉毛的形状和密度等，使面部看起来更加丰富和立体。

肤色：改变人物的肤色，调节人物面部的冷暖。

流畅脸：可以削弱人物面部的凸出部分，如下颚和颧骨等，使人物的面部轮廓更加流畅。

发际线：更改人物发际线的位置。

上庭、中庭和下庭：在面部美学中，上庭是指从发际线到眉心的部分；中庭是指从眉心到鼻底的部分；下庭是指从鼻底到下巴的部分。理想的面部比例是上庭、中庭和下庭的长度比例为1：1：1。这种比例被认为具有最佳的面部平衡感和美感。然而，这只是一个理想的标准，每个人的面部特征都有所不同，面部比例的差异也是每个人独特魅力的一部分。

直角肩、肩宽、瘦手臂、天鹅颈、丰胸和美胯：这些效果与其字面意思相同，可以调整人物的局部比例与视觉效果，使人物更具气质与美感。

9.10 ▶ 人声美化

受制于录音设备和语言水平，音频中有时会出现回声、电流声、口水音、喷麦音等杂音，影响听觉体验。我们可以使用人声美化功能，减少低频段与高频段的杂音，同时增强中频段的人声，使人声更加清晰，更加接近专业录音棚的品质。

9.11 ▶ 人声分离

人声分离功能不仅可以从嘈杂的背景音中提取出较为纯净的人声，还可以消除背景音中的人声，只保留环境音。此功能还可以用于歌曲的伴奏提取。当我们想要使用一首歌曲作为背景音乐，却碍于歌手演唱的声音影响视频中的人物对话时，便可以使用人声分离功能，仅仅保留歌曲的伴奏，消除歌手演唱的声音。

9.12　智能调色

　　智能调色功能可以根据画面内容进行快速调色，不需要掌握过多的调色知识就可以调出好看的画面。不同的画面内容会有不同的调色效果，如果给人像进行智能调色，那么会优先调整画面的亮度与光影，如图9-9所示。如果给食物进行智能调色，则会优先调整画面的鲜艳程度，使食物更加令人垂涎，如图9-10所示。

图9-9　人像智能调色前后对比图

图9-10　食物智能调色前后对比图

9.13　AI特效

AI特效是一种全新的特效模式，通过大量的描述词，生成极具艺术感的画面。描述词直接影响到最终生成的画面的风格与内容。接下来介绍如何编写描述词。

● 明确主题：确定想要表达的主题或情感，例如柔和的、平静的、动感的。

● 规划构图：确定画面的构图，例如中心构图、引导线构图、对角线构图。

● 色彩运用：确定色彩基调，例如暖色的、冷色的、高饱和度的。

● 细节塑造：确定画面细节的处理方式，例如富含细节、绚烂光影、机械感。

● 线条与形状：确定画面几何元素，例如棱角分明的、圆滑的。

● 添加要素：确定除主体外的其他元素，例如海边、城市、东方明珠塔、人群。

● 明确风格：确定画面风格，例如油画、写实、漫画。

● 描述主体：用简洁的语言描述主体，例如清秀的女孩、阳光的男孩。

以上关键词类型不必全部包含，但描述词数量越多、越详细，最终的画面效果越容易符合预期。关键词之间用逗号隔开，如：丰富多彩的，复杂的，电影感光线，美丽的少女，史诗般的，高对比度的，暖色的，漫画风格。利用上述关键词生成的画面如图9-11所示。

图9-11　AI特效生成画面

9.14 专属素材与效果

开通剪映VIP可以使用许多专属素材与效果，包括动画效果、声音效果、朗读效果、转场效果、滤镜、贴纸、花字、特效。这些VIP专属素材与效果和免费的素材与效果在同一个操作界面，且配置方法相同。可以在视频剪辑过程中多加留意，找到想要的VIP效果后再开通VIP，争取将VIP功能收益最大化。

随着本书的结尾，我们对剪映制作短视频的旅程也即将告一段落。这本书让我们一同走进了剪映的世界，了解了这款强大工具的无穷魅力，探索了从基本剪辑到高级特效的众多功能，学习了如何进行创意构思、精心剪辑制作等。

然而，真正的短视频制作艺术，不仅仅在于技术，更在于创意与情感的融合。希望我们都能以本书为起点，在未来的日子里，继续深化对剪映的学习，不断尝试、不断突破，同时挖掘更多创意灵感，用剪映制作出更多精彩绝伦的短视频作品，将我们的故事以独特而引人入胜的方式呈现给世界。

相信通过不断地实践和创新，我们的短视频制作技能将越发纯熟，我们也能成为短视频创作领域的佼佼者。